U0289157

湛庐 CHEERS

与最聪明的人共同进化

HERE COMES EVERYBODY

How Maths Illuminates Our Lives

# 莎士比亚的零

[英] 丹尼尔·塔米特
Daniel Tammet —— 著

童玥 郑中 —— 译

Thinking in
Numbers

浙江教育出版社·杭州

# IQ150
## 的天才作家和数学家
### ── 丹尼尔·塔米特 ──

他能够连续背出圆周率小数点后22514位数字；

他只靠心算就能快速计算出13除以97的结果并精确到小数点后100位；

他利用自己独创的方法，熟练掌握十几种语言。

可以肯定地说，丹尼尔·塔米特拥有这世界上极为罕见的非凡头脑。

# 脑力过人的现实版"雨人"

丹尼尔·塔米特于1979年1月出生在英国伦敦一个工人阶级聚集的郊区中，是家中九个孩子中的老大。年幼的塔米特安静又古怪，喜欢沉浸在自己的世界里，他有把外套挂在学校衣柜同一个挂钩上的习惯，也是个"收藏狂"，有时还会被同学欺负。尽管如此，他的学业表现仍十分突出，他解计算题的速度比班里所有同学都快，中学时曾两次被评为年度最佳学生。

2004年，塔米特在剑桥大学自闭症研究中心诊断出患有高功能自闭症，这让他终于明白自己与众不同的原因，他就是现实版的"雨人"。但与"雨人"和人们通常以为的"白痴天才"不同的是，塔米特吐字清晰、心智正常，拥有天才所特有的"超能力"，却几乎没有什么明显的智力缺陷，他只是有些腼腆罢了。

# 能看见数字颜色的数学狂人

塔米特在数字上的超能力让人难以置信。在他眼里，每个数字都是独一无二的，都有自己的个性。11和善，5吵闹，4害羞又安静。333是优美的，289就有些丑陋。数字还有颜色、有形状、有质地。例如，1是一道亮白色，就像手电筒光，晃得你睁不开眼睛；5会响起隆隆的雷声或惊涛拍岸的咆哮声。

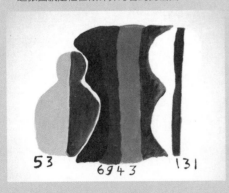
▼ 这张图就是他在做计算时看到的画面

这种罕见的心理感知被科学家称为"联觉"，当塔米特做数学计算的时候，各种图像在他眼前串联起来，帮助他快速做出答案，让他既能毫不犹豫地计算出53乘以131的答案，又能准确推算出被随意指出的某个日期是星期几。

数学在塔米特的心中仿佛是一个美丽的仙境。

# 一周学会冰岛语的语言天才

　　大部分自闭症天才都不善言辞，表达困难，但是塔米特的语言天赋超常。他通过给文字附上颜色和质地来更快速、更轻松地学习语言。他接受电视台的挑战，一周之内学会了难度极大的冰岛语，并在节目中用这门刚学会的语言和当地主持人侃侃而谈。令人更加惊讶的是，他还在业余时间自创了一门名叫"曼提语"的语言，并且初步形成了语法规则，创造出了1000多个词汇。

　　目前，塔米特已掌握11种语言，它们是：英语、芬兰语、法语、德语、立陶宛语、世界语、西班牙语、罗马尼亚语、冰岛语、威尔士语和爱沙尼亚语。

# "异想天开"的故事讲述者

丹尼尔·塔米特的第一本书《星期三是蓝色的》向大众展现了他那多彩独特的人生，出版后便成为《星期日泰晤士报》年度畅销书，在《纽约时报》畅销书排行榜上停留了 8 周时间。从此他便一发不可收，接连出版了一本本令人惊艳的作品。他利用自己出众的认知能力，创作了融合文字智慧与数字敏感性的《莎士比亚的零》，帮助我们在这个庞大、奇怪、有时候十分混乱的世界中发现其中的内在逻辑的秩序美感。如知名脑科学家大卫·伊格曼所说："有多少数学家能同时成为'异想天开'的故事讲述者呢？"

如今的塔米特已经逐步克服了自闭症，他登上 TED 演讲台分享自己与众不同的感知方式。他还当选为英国皇家艺术学会成员，根据他的故事拍摄的纪录片《脑人》创下了英国收视纪录。这位思路清晰、温文尔雅、博大温暖的天才继续用他的智慧影响着每一个人。

**作者演讲洽谈，请联系**
speech@cheerspublishing.com

更多相关资讯，请关注

湛庐文化微信订阅号

湛庐 CHEERS 特别制作

没有家人和朋友的爱和鼓励，我无法完成本书。

特别感谢我的伴侣 Jérôme Tabet。

献给我的父母 Jennifer 和 Kevin，献给我的兄弟 Lee、Steven、Paul 和我的姐妹 Claire、Maria、Natasha、Anna-Marie 和 Shelley。

同时感谢 Sigriður Kristinsdottir、Hallgrimur Helgi Helgason、Laufey Bjarnadóttir、Torfi Magnússon、Valgerður Benediktsdóttir 和 Grímur Björnsson，教我如何像一个维京海盗一样数数。

献给我最忠实的英国读者 Ian、Ana Williams、Olly、Ash Jeffery、Mason 和 Crystal!

非常感谢我的版权代理人 Andrew Lownie；还有我的编辑 Rowena Webb 和 Helen Coyle。

"就像所有伟大的理性主义者一样，你相信的东西比神学还要不可思议。"

　　　　　　　　——哈尔多尔·拉克斯内斯
　　　　　　　　（Halldór Laxness）

"棋如人生。"

　　　　　　　　——鲍比·费舍尔
　　　　　　　　（Bobby Fischer）

**激发你头脑中的数感**

孙路弘　脑力工程师

　　人与人的表现是不同的，行为，举止，言谈，对同样事情的表现都是不同的。这种差异源于我们的大脑。面对数学，有的人喜欢，有的人热爱，有的人讨厌，有的人恐惧。总是碰到有人说自己不擅长数学，却很少听到有人说自己不擅长语文的。

　　数学的核心是数感，数感是大脑中的一种感觉，它遍布在大脑的多个部位，在一个人成长的过程中，随着大脑的发育逐渐形成。很多小孩不依靠逻辑，光凭感觉，听声音，看样子，闻气味，就能够从很多人中一眼认出自己的妈妈。如果这种能力表现在数学上，就是能够把所有事情都与数学联系起来，这就是数感。

　　丹尼尔·塔米特就是这样的人，他脑海中遍布了数感，从这本书的 24 篇文章中，你可以感受到他大脑中那些数学感觉的"电流"通过的痕迹。这些痕迹不是无中生有的，它们都源自生活给我们提供的线索，是生活中的多样经历让丹尼尔与众不同，是经历形成了异常的大脑表现出的杰出才能。我们能够得到的启发就是，在儿童成长的过程中，我们可以帮助他们在生活中培养数感，让他们的头脑里自发冒出数学的那些图像，那些故事，那些声音，那些游戏，那些思维活动……

大多数人居住的地方都有门牌号码，这些号码都是由数字组成的。你或你的孩子有思考过以下这些问题吗：你们家隔壁邻居的号码是多少？楼下一家的门牌号码是多少，楼上的又是多少？整栋楼有多少户人家，有多少层，每层有几户？如果走楼梯下楼，要走过多少级台阶呢？

很多孩子从来没有想过这些问题，这不是他们的错，因为他们从小就没有看到过别人这样做过。如果孩子没有在大脑发育的阶段获得过种种被数学感染的机会，等到了学校再学习，只能获得数学的表层知识。

生活才是数学的课堂，才是学习的场所，是随时可以主动并自发学习的源泉。从家里兄弟姐妹的人数，到豌豆公主无穷的被子，塔米特把他和数学的故事娓娓道来，通过这些线索，带我们一同感受脑海中不知不觉地被涂上一层数感的过程。你可以从这本书中了解到更多细节，从而可以从自己的生活中开始这个过程。

每个人都可以轻松形成数感。书中的点点滴滴，唤醒了许多我儿时与数学结缘的场景，我把它们都写到了《妈妈教的数学》这本书里。当我阅读这本《莎士比亚的零》时，我意识到两者的一个共同核心本质，那就是数学源自生活，数学能力来自大脑中的数感园地。

数感不是神秘的。和塔米特一样，我也曾经痴迷于圆周率的位数，不厌其烦地折腾着数字之间的乘法口诀，费心去猜测家里的米粒到底有多少，完全不顾手冷抓起一把雪盯着看，仿佛要看穿雪花透露出来的秘密。这都是数学的秘密，是数感的源泉。这本书带给我的共鸣是，数感在大脑中的形成是有规律的。能够尊重规律，孩子从小面对数学就会不费劲、不痛恨、不惧怕，而是开心、高兴、快乐地沉浸其中，最终大脑中便会形成一块充满数量和数字的数感园地！

如果你也认同数学源自生活，数感源自日常的经历，那么，你可以从这本书开始，按照书中的线索来安排你的生活，让自己的生活中显露出有趣的数字和数量。你会发现，不管是在家中还是户外，都充斥着我们生活缺不了的数学元素：每天的温度和风力；冰箱的温度和湿度；每个月的用水量、电费和燃气费；背包的重量；上班路上的地铁线路和换乘次数；自己的手机号码；电脑的存储量；名字的笔画数；名字字母的排位……一旦你的数感被激发，你还会对这些视而不见吗？

随手带上这本书，感染上一点数感！让自己，让自己的家人，让自己的孩子，一起从生活中品味到数学的美味，让头脑中数感园地充满芬芳！

## 测一测　你知道这些隐藏在文学、历史和现实生活中的数学真相吗？

**1.** 林肯在演说中经常会用到哪本数学著作中的论证方式？

 A《几何原本》　　　　　B《费马大定理》

 C《数学的语言》　　　　D《算数探索》

**2.** 谷歌公司（Google）的创始人在为公司取名时，本想使用巨大的数 "Googol" 这个词来表示搜索引擎带来的海量信息，但因为不小心拼成了 "Google"，该公司才有了现在的名字。Googol 代表的数量究竟有多大？

 A $10^{80}$　　　　　　　B $10^{100}$

 C $10^{150}$　　　　　　D $10^{200}$

**3.** 如果给地图上色，并且任意相邻的地区或国家都不使用同一种颜色，那么要涂满整张地图，只需用到几种颜色？

 A 3　　　　　　　　　B 4

 C 5　　　　　　　　　D 6

**4.** 柏拉图理想中的城市，应该不多不少正好能容纳多少户家庭？

 A 2040　　　　　　　B 3040

 C 4040　　　　　　　D 5040

**5.** 哪位小说家在写作中使用了微积分？

 A 罗曼·波兰斯基　　　B 威廉·莎士比亚

 C 列夫·托尔斯泰　　　D 艾米莉·勃朗特

扫描二维码，下载"湛庐阅读"APP，
搜索"莎士比亚的零"获取答案。

目录

推荐序　激发你头脑中的数感
序　言　闭上眼睛，开始想象 _001

01　集合的艺术 _005
02　无穷的分数 _013
03　用冰岛话从 1 数到 4 _023
04　谚语和乘法表 _033
05　用直觉解决问题 _043
06　莎士比亚的零 _053

07　言论之形 _061
08　巨大的数 _069
09　独一无二的雪花 _079
10　看不见的城市 _087
11　人类是孤独的吗 _097
12　使用十一进制的人 _107

13　了不起的圆周率 _113
14　爱因斯坦方程式 _125
15　小说家的微积分 _135
16　书中之书 _145
17　质数之诗 _153
18　财富的分布 _167

19　母亲的模型 _175
20　一局棋的可能 _187
21　统计学的圈套 _197
22　时间的洪流 _209
23　当世界没有穷尽 _217
24　数学的艺术 _223

序言　**闭上眼睛，开始想象**

　　7 年前的一个下午，我在英格兰南部家中的餐桌旁写完了一本书，书名为《星期三是蓝色的》。这本书有十万多字。在我打字的过程中，我意识到一个人的一生会有很多种选择。每一个句子或段落都透露出我或其他人，包括父母、老师或朋友，做过或没有做过的决定。当然，我是自己的第一个读者，毫不夸张地说，在写作和阅读这本书的过程中，我的人生轨迹被改变了。

　　8 年前的夏天，我去了位于美国加利福尼亚州的一个大脑研究中心，那里的神经学家为我进行了一连串测试。这让我回想起早年我在伦敦一家医院的经历，当时医生们为了检查我的大脑是否有痉挛活动，将我的大脑与一台脑电图机相连。用来连接的电线从我的小脑袋上垂下去，像是把什么东西从深海里拖了上来，那东西就像是垂钓者钓上的鱼。

　　这些加利福尼亚的科学家皮肤晒得黝黑，笑容可掬。

他们让我做算术题，给我长串的数字让我背下来，并用全新的仪器测量我的脉搏和呼吸。我怀着强烈的好奇心接受了所有的测试——能够得知我童年的秘密让我兴奋不已。

我的自传从这些科学家对我的诊断开始。我的与众不同终于有了一个学名。在此之前，它曾有过一系列别出心裁的名字，用我父亲那富有特色、形象到位的描述来说就是：极度害羞、极度敏感、笨手笨脚。而科学家的说法是，我患有高功能自闭症合并学者综合征：自我出生以来我的大脑就形成了不同寻常的回路。回到英国后，在这些科学家的鼓励下，我开始写作，我的作品最终得到了伦敦一位编辑的青睐。

直到今天，我的第一本书《星期三是蓝色的》和第二本书《我的 IQ150》的读者们还在给我写信。他们想知道，将文字和数字视为不同的颜色、形状和质地是什么感觉。他们试图在脑海中整合这样的多维彩色图形，也想获得我在诗歌和质数中找到的美感和情感。而我能告诉他们什么？

想象。

闭上你的眼睛，想象一个没有边际的空间，或者一个可以引发蝴蝶效应的极小事件。想象一下，一场完美的国际象棋比赛将如何开始和结束，是白棋胜、黑棋胜，还是平局？想象一下，那些极为庞大的数字，它们所表示的数值甚至超过了宇宙中每一个原子的总和。想象用 11 个或 12 个手指而不是 10 个手指来数数，或以无数种方式来阅读一本书。

这种想象力属于每个人，它甚至拥有自己的科学：数学。专门研究数学认知的里卡多·涅米罗夫斯基（Ricardo Nemirovsky）和弗朗西斯卡·费拉拉（Francesca

Ferrara）写道："就像文学小说一样，数学思维也具有纯粹的可能性。"这是我对数学在我们充满想象力的生活中所起的重要而有趣的作用的一种提炼。我们很少能意识到这一点，但对数字概念的利用，确实丰富了我们体验世界的方式。

《莎士比亚的零》这本书收集了 24 篇关于"生活中的数学"的文章，其中充满了纯粹的可能性。根据涅米罗夫斯基和费拉拉提供的定义，"纯粹"在这里指完全不受先例或期望影响的东西。事实上，我们从来没有读过一本没有结局的书，也没有数数数到过无穷或超无穷，更没有接触过外星文明（这些都是书中某些章节的主题），但这些都不应该阻止我们去想象：如果这样，那么……

不可避免的是，这些文章都非常个性化，因此很不拘一格。虽然其中有一些自传式的元素，但我自始至终都在强调外部观察。有几篇文章是传记性的，如莎士比亚年轻时上的第一堂算术课（开设算术课是莎士比亚时代的社会潮流）。还有一些文章则把读者带到了世界各地，或让读者回到过去。这些文章的灵感来自魁北克的大雪、冰岛的数羊方法和最终促进西方数学思维发展的古希腊辩论。

文学为探索那些纯粹的可能性又增加了一个维度。正如涅米罗夫斯基和费拉拉所指出的，作家和数学家在思考和创造模式上有许多相似之处，即使人们通常认为这两类人差别甚大。在"质数之诗"一章，我探讨了某些诗歌和数论的重合方式。冒着让"数学构造"类小说粉丝失望的风险，我要先承认这本书里没有提到"佩雷克"[1] 这个名字。

这本书体现了我在英格兰南部那个夏天之后的 7 年里，认识上所发生的变

---

[1] 法国作家乔治·佩雷克（Georges Perec），1965 年诺贝尔文学奖得主，其作品善用漏字文和回文手法。——译者注

化。随着我的书被译为不同的语言，我也游历了许多国家，接触到了很多语言，这对我学识的增长大有助益。探索数学和小说之间的种种联系则是另一种激励因素。如今，我住在巴黎的市中心，全职写作。每一天，我都会坐在桌前问自己：如果这样，那么……

# 集合的艺术

我出生于伦敦郊区，那里小得乏善可陈，而我家则是小镇上为数不多的谈资之一。在我十几岁的时候，不管走到哪里，人们总会问我："你有几个兄弟姐妹？"

于我而言，这问题的答案早已众所周知。但它就好像一个奇闻异事一般，在小镇居民之间传来传去，最终成了民间传说的一部分。

每次我总是耐着性子、规规矩矩地回答："我有 5 个姐妹，3 个兄弟。"

不出所料，这回答总能使对方做出极大的反应，他们会扬起眉毛、瞪大眼睛，然后笑着惊呼："9 个孩子！"似乎无法想象一个家庭能有那么多成员。

在学校情况也大抵如此。我在瓦索（Oiseau）先生的法语课上学到的第一句话就是"J'ai une grande famille"，意思是"我有一个大家庭"。我的同学大多是独生子女，所以每当我们几个兄弟姐妹一起出现时，同学们都会窃窃私语或惊叹不已。有段时间，我们的风头甚至盖过了镇上所有人，包括独臂的杂货店老板、超胖的印度女孩，还有邻居家那条会唱歌的狗，这些人或动物一时间都不再是镇上闲言碎语的聚焦点。

$$\times$$

在人们眼中，我和我的兄弟姐妹就好像只是数字而已。数量上的与众不同是我们避免不了的，这方面的压倒性优势总是会盖过我们个人的风头。这与法语里名词的情况很类似。虽然法语中形容词总是跟着名词出现，但说到"一个大家庭"时，形容词却是放在名词前面的。

也许正是因为有这么多兄弟姐妹，我对数字特别有一套。**我的家庭让我明白，数字来自生活。**我对数学的大部分了解并非来自书本，而是源于每天的观察与互动。我逐渐意识到，在我们的世界中，数字模式有多么重要。举个例子，我们9个兄弟姐妹就好比十进制中的数字，从我们都不在场时的"0"一直到全员在场时的"9"。我们的行为甚至也和算数有相似之处：吵架的时候，我们会分成几派，派与派之间还会不断地重组，以达到势均力敌。

从数学家的角度来看，我和我的兄弟姐妹是一个"集合"，其中包含9个元素。用数学方式来表示就是：

$S$={ 丹尼尔，李，克莱尔，史蒂文，保罗，玛丽亚，娜塔莎，安娜，雪莉 }

换句话说，我们属于人们用数字9来表述的事物范畴。类似的集合还包括太阳系的九大行星，当然这是在冥王星被除名之前；还有九宫格游戏的9个格子、棒球队的 9 位选手、希腊神话里的 9 位缪斯女神，以及美国最高法院的 9 名大法官。仔细想想，这样的例子还有很多。

> $S$ 是一年中不以字母 J 开头的月份：$S$={February（2 月），March（3月），April（4 月），May（5 月），August（8 月），September（9 月），October（10 月），November（11 月），December（12 月）}
> $S$ 是同花顺中最大的组合：$S$={5,6,7,8,9,10,J,Q,K}
> $S$ 是 1 到 99 之间的所有平方数：$S$={1,4,9,16,25,36,49,64,81}
> $S$ 是 30 以下所有质数中的奇数：$S$={3,5,7,11,13,17,19,23,29}

以上我列举了 9 个含有 9 个元素的集合，它们一起又组成了一个新的含有 9 个元素的集合。

**和颜色一样，最常见的数字也为这个世界提供了性质、形式和维度方面的描述。**最常用到的 0 和 1，就像颜色中的黑与白一样；其他基本色，如红、蓝、绿，就像数字里的 2、3、4 一样；而 9，则像钴蓝或靛青，在绘画中，这两种颜色一般不用于主体，而多用于阴影。与数字 9 有关的例子就和与靛青色有关的例子一样，既难找又容易被忽略。所以，找到有 9 个孩子的家庭，就像遇到了一个有着靛青色头发的人一样，令人惊讶。

$$\times$$

小镇居民之所以惊讶，还有另一个原因。我在前面略微提过，我们兄弟姐妹间可以有不同的组合方式。那么把我们 9 个人任意拆开重组，能有几种排列组合方式呢？换个说法，总共能有多少子集合？

{丹尼尔}……{丹尼尔,李}……{李,克莱尔,史蒂文}……{保罗}……{李,史蒂文,玛利亚,雪莉}……{克莱尔,娜塔莎}……{安娜}……

幸好对数学家来说，对此的计算并不陌生。我们只需要把与集合元素总数相同数量的 2 相乘即可。因此，对于有 9 个元素的集合来说，子集合的数量就是 $2 \times 2 \times 2 \times 2 \times 2 \times 2 \times 2 \times 2 \times 2 = 512$。

这表示在我们镇上，任何时间、任何地点，看到我们兄弟姐妹以任意组合方式出现的情况共有 512 种。512 种！这清楚说明了我们为什么这么引人注目。对小镇居民来说，我们的确数量庞大。

换个角度来解释上述算式。我们随便在镇上选个地方，如教室或镇上的游泳池。算式中的第一个 2 代表我在某个特定时间是否出现在某个特定地点的两种可能性，即我在那里或不在那里。这个概率适用于我的所有兄弟姐妹，所以 2 要自乘 9 次。

在所有可能的组合方式中，有一种情况是所有小孩都没出现，数学家把这种情况称为"空集"。虽然这个名称听起来有些奇怪，但我们的确可以用它来定义没有任何元素的集合。由 9 个元素所组成的集合代表了我们能用数字 9 来想象、进行或指涉任何事；而空集则表示其中任意一个事物存在的可能性都为 0。因此，我们圣诞节回家团聚的集合和美国最高法院聚齐大法官的集合一样，是全集；而我们去月球团聚的集合就和地球上粉红色大象的集合、有着四边的圆的集合，或一口气横渡大西洋的人的集合一样，是空集。

✕

不仅是在数数的时候，在我们思考或感知事物的时候，头脑也会使用集合，而这些集合的数量是无限的。阿根廷作家豪尔赫·路易斯·博尔赫斯（Jorge Luis Borges）受不同文化对世界万象分类的深深吸引，以诙谐的笔触，杜撰了一部百科全书[1]。在这本"百科全书"中，动物有以下分类：

> 1. 属于皇帝的；2. 长生的；3. 受过训练的；4. 烤乳猪；5. 美人鱼；6. 传说中的；7. 流浪狗；8. 包含在此类中的；9. 发狂时抖动的；10. 数不清数量的；11. 用极细骆驼毛笔画出来的；12. 其他的；13. 刚打破花瓶的；14. 从远处飞来的。

博尔赫斯以无幽默不成文著称，但他在这里也提出了几个发人深省的问题。首先，虽然"动物"这个集合是我们极熟悉的，其下包含的子集的数量可以趋于无限，但生物学的众多命名方式，如"哺乳动物""爬行动物""两栖动物"却往往会掩盖一部分事实。举个例子，跳蚤是微小的寄生虫，是"跳高冠军"，但这也只描述了跳蚤众多特点的其中几方面而已。

其次，定义一个集合更像是一门艺术，而不是科学。潜在的分类有近于无限种，面对这一数字问题，我们倾向于从自身文化经验的少数几个选项出发。西方人赋予大象这个集合"非常巨大"、"有长牙"或者"记忆力超群"等描述，但却忽略了同样重要且正确的可能描述，如博尔赫斯所提到的"远远望去像苍蝇一样的"或印度人所说的"被视为幸运的象征"。

---

[1] 这本书出现在博尔赫斯于 1952 年出版的《探讨别集》（*Otras Inquisiciones*）中的一篇短文《约翰·威尔金斯的分析语言》（*The Analytical Language of John Wilkins*）里。博尔赫斯坚称这本"百科全书"是德国著名文学翻译家弗兰兹·库恩（Franz W. Kuhn）发现的，但其实此书根本不存在。——编者注

在讨论与思考事物的分类时，记忆会让我们对某些经验性的子集有所偏好。比如，问一个人生日那天发生了什么事，他可能马上会想起自己囫囵吞下的那块黑乎乎的巧克力蛋糕、妻子热情的拥抱以及妈妈送的那双荧光绿的袜子。但是这个特别的日子其实是由成百上千件相似的小事组成的，有的平淡无奇，如吃早餐时，他拍掉了大腿上的面包屑；有的则比较特别，如午后突如其来的那一场短暂的暴风雨。但这些子集，大部分都会被他遗忘。

回到博尔赫斯的动物子集列表，其中有几项充满了悖论。就拿"10. 数不清数量的"来说，即使这种动物是博尔赫斯想象出来的，怎么会有集合的子集包含无限元素呢？

博尔赫斯的分类法明显是受到了 19 世纪德国数学家格奥尔格·康托尔（Georg Cantor）的启发，后者在研究"无限"时的重要发现，正好可以帮助解答上述疑问。

康托尔证明了集合的部分（子集）可以和整体（集合）一样大。他发现，集合之间可以采用一一对应的方法进行比较。"当且仅当 A 和 B 两个集合的元素完全对应时，这两个集合才是等价的。"因此，若可以成功将我们兄弟姐妹与棒球队中的选手一一对应，或与一年中不以 J 开头的月份一一对应，那么就可以得出结论：这三个集合是相等的，每个集合都包含了 9 个元素。

接下来则是康托尔思想上的飞跃：他用同样的思路，将所有自然数（1、2、3、4、5……）与自然数的每个子集，如奇数（1、3、5、7、9……）、偶数（2、4、6、8、10……）和质数（2、3、5、7、11……）中的元素进行对应。康托尔发现，就像棒球队选手和我们兄弟姐妹的完美对应关系一样，每个自然数都至少可以对应一个奇数、偶数或质数。因此，康托尔得出了一个不可思议的结论：奇数、偶数或质数的数量，就和所有自然数的数量一样，是趋于无限的。

$$\times$$

通过阅读博尔赫斯的文字，我开始思考我家族"集合"所包含子集的丰富含义，其重要性要远远高于子集数量上的多寡。我的兄弟姐妹都已长大成人，有的有了孩子，有的则远走他乡，搬去了更温暖、有趣的城市。遗憾的是，我们很难再聚到一起。我爱我的家族，这虽然带有一定主观性，但家族中确实有许多东西值得我去爱。从很久以前开始，我们兄弟姐妹的数量就早已不再是我们的标签。我们会从许多其他角度来看待彼此：有几个是"学霸"、有几个爱喝咖啡胜于茶、有几个从没种过花、有几个在睡梦中会傻笑……

就和文学作品一样，数字思维会拓展我们的同理心，把我们从单一、狭隘的视野上解放出来。只要运用得当，数字，能让我们成为更好的人。

我小时候特别喜欢读童话故事。《格林童话》中我最喜欢的一篇，叫作《神奇的粥锅》( The Magic Porridge Pot )。故事讲的是，一个善良又贫穷的小女孩，从女巫那里得到了一口能够不停熬煮甜粥的小锅。无论小女孩和她妈妈要吃多少，小锅都能自动煮出来。然而有一天，小女孩的妈妈吃饱之后却忘记了 "小锅快停下" 这句魔法咒语。

于是小锅一直煮个不停，即使甜粥都溢出来了它也没有停下；即使整个厨房、整栋房子都被淹没了它也没有停下。小锅一直煮个不停，就好像想要让全世界的人都吃饱似的，即使邻居的房子、整条街道都淹没了它也没有停下。

幸好后来小女孩及时赶回了家，才终于制止了这场甜粥带来的黏糊糊的洪流。

$$\times$$

这则童话故事让我对神秘的无穷概念有了一定了解。为什么这么多粥能从那么小的锅里冒出来？对此，我陷入了深深的思考。粥里的每一粒谷物都是小之又小的，把这样的一粒谷物放入碗中再用勺子舀出来可能都很难做到。同理，一滴牛奶、一粒白糖都是非常非常小的。

我在想，如果这口神奇的小锅能够用魔法将这些细小的谷物颗粒以独特的方式散布在锅中，那又会怎么样呢？锅中的每一粒谷物、每一滴牛奶、每一粒白糖都有自己固定的位置，且它们定不会彼此触碰。我继续想下去，如果有 5 粒、10 粒、50 粒、100 粒、1000 粒谷物以及同样滴数的牛奶和同样粒数的白糖散布在锅中，且彼此都互不接触、悬停在自己的位置，那么这就会与万千星辰悬浮在拱形宇宙中一个样。这样的话，就能有越来越多的谷物颗粒、牛奶滴和白糖粒加入这个不断膨胀的"星群"，组成极小的"北斗七星"和迷你的"大熊星座"。

假如我们就这样一直数到第 10473 粒谷物，那么我们要如何才能把它也放入锅中？根据我儿时的幻想，这些谷物颗粒、牛奶滴以及白糖粒之间，有成千上万个微小的空隙。随着每分每秒颗粒数量的增多，也会有更多微小空隙形成。所以只要神奇的粥锅能够用魔法阻止每个颗粒相互接触，那么所有的谷物颗粒、牛奶滴以及白糖粒都总会有容身之处。

《安徒生童话》里的《豌豆公主》（The Princess and the Pea）也同样启发过我思考无穷的概念。这个故事是关于无穷的分数。从前有一天夜里，一名年轻女子敲响了城堡的大门，并声称自己是位公主。城堡外雷雨大作，猛烈的暴雨弄湿了这名女子的衣衫，也弄脏了她的金发。这名女子看起来极为狼狈，因此城堡中的皇后觉得她的出身也许并不像她说的那样高贵。为了验证这名女子是否真的是位公主，皇后决定放一粒豌豆在床上，然后再铺上整整 20 床褥子，让这名女子晚上睡在上面。到了第二天清晨，皇后派人询问年轻女子睡得怎么样，这名女子说自己因为床上的某样东西而硌得彻夜难眠。

我忍不住一直想着故事里那摇摇欲坠的 20 床褥子，想得我在自己的床上也辗转难眠。根据我的计算，在床上加一床褥子会使公主的后背与那粒讨厌的豌豆的距离增加一倍，这粒小豆子带来的硌人感觉也会因此减小为最初的 1/2。同样，再加一床褥子的话，硌人的感觉就会减小为最初的 1/3。但只要公主的身体娇贵敏感到能察觉最初硌人感觉的 1/2 或 1/3，那么即使有 20 床褥子，她为什么就不可以敏感到能觉察那 1/20 硌人的感觉呢？事实上，如果公主身体的敏感程度是无限的（当然这只是个童话故事），那么即使将最初硌人的感觉乘以百分之一、千分之一甚至百万分之一，公主照样也会因此而夜不能寐。

这种想法让我忍不住又回到粥锅的故事。对于公主来说，一粒豌豆可以是无限大的，而对于穷苦的小女孩和她的妈妈来说，即使是洪水般的甜粥，尝起来也是由许多无限小的颗粒组成的。

"你老是想太多，"当我把这些想法告诉我爸爸时，他这样说道，"你老是没完没了地看书。"虽然爸爸收集了一大摞书，而且他每周末也有买报纸的习惯，但他绝对算不上真正的书迷。"你得多出去玩玩，一直把自己关在房里可没什么好处。"

于是我决定去公园和兄弟姐妹们玩捉迷藏，但过不了 10 分钟我就玩腻了，荡秋千也提不起我的兴致。于是我们绕着湖边散步，把面包屑丢进脏乎乎的水里喂鸭子，到最后鸭子似乎都吃腻了。

在花园里玩则有趣得多。我们玩打仗的游戏，我们互相念咒语或是模拟时空旅行：我们坐在硬纸壳上假装畅游尼罗河，或是假装在罗马的山洞里用床单搭帐篷。但其他大部分时间，我都只是在小镇的街道上尽情闲逛，想象着各种千奇百怪的冒险或是做着远征探险的白日梦。

$$\times$$

有一天，正当我边走边幻想自己在畅游中国的时候，忽然听到天空雷声大作，于是我快步跑进市图书馆避雨。图书馆里的人都认识我，因为我是那里的常客，我和管理员们常常彼此点头打招呼。图书馆的走廊上总是堆满了书，千百年来的学问填满了整面墙的书架，我边走边用手拂过一排排看起来永远没有尽头的书。

图书馆里我最喜欢的，是辞典和百科全书区，那里满是砖头般厚重的大作。那些庞大的著作，虽说无法主动散播知识，但书中的字字句句，好像都在宣示着这是全人类知识的总和。这些包罗万象的知识已按 A～C、D～F、G～I……的形式分门别类地存放在馆中，每个类别又可被细分为 Aa～Ad……Di～Do……Il～In……有时，很多子分类还能被继续分为 Hai～Han……Una～Unf……甚至还有可能再被细分下去，比如 Inte～Intr。所以找书的人们该从哪里开始呢？或者更重要的问题是，该在哪里停下？

我通常会随便选一本开始读。我会任意从书架上抽出一本百科全书，随便翻开一页，然后在接下来的一个小时里津津有味地读着关于博拉博拉岛（Bora Bora）、腹鸣（borborygmi）和呼吸困难指数（Borg scale）等 B 字头的内容。

有一次，我因读得出神，没有听到身后逐渐传来的"啪嗒啪嗒"的脚步声。一位年长的图书管理员向我走来，他住我家附近，我妈妈和这位管理员的妻子十分要好。管理员又瘦又高——当然对于一个孩子来说，哪个大人个子不高？他瘦长的脑袋上只有几撮灰色的头发。

"我这里有本书要给你。"管理员说道。我看着他，略微迟疑了一下，然后才从他的大手上接过那本书。书的封面上贴着一枚"书虫俱乐部每月精选"的贴纸，那本书的名字叫《借东西的小人》(*The Borrowers* )[1]。我赶忙向管理员道谢，与其说是出于感激，不如说是想让他赶快移开突然出现在我头顶上方的大脑袋。而一个小时之后，当我离开图书馆时，我已经把那本书紧紧夹在腋下，借出了图书馆。

这本书讲述的是住在房子地板底下的小人族一家的故事。作为小人族的一家之主，爸爸时不时地会偷偷前往地板上的大房子里"借"一些零星杂物来装饰他们简陋的房子。

我和我的兄弟姐妹们试图想象，如此小的小人族是如何生活的。在想象的同时，我开始变得越来越小，相反，我周遭的事物却开始变得越来越大。以往熟悉的东西现在看起来越发觉得陌生，而陌生的东西却越发变得熟悉。比如，突然之间，一张有着耳朵、眼睛和头发的正常脸孔变成了一大片灌木丛生、沟壑纵横还冒着热气的粉红色大地；连水里最小的鱼也变成了巨鲸；空气中的细小灰尘就像飞鸟一样，在我头顶，或是飞旋或是俯冲。我不停地缩小，直到所有熟悉的事物都消失了，直到我无法分辨出眼前的山坡究竟是堆积成山的脏衣服，还是真正的岩石为止。

我再次前往图书馆时，专门加入了那个"书虫俱乐部"。俱乐部每个月都会

---

[1] 英国小说家玛丽·诺顿（Mary Norton）所著的奇幻小说，自 1952 年至 1982 年共出版 5 册，后于 2011 年改编成电影《借东西的小人》。——译者注

分享一本经典故事书，有一些故事书格外吸引我，有些则不然，但 12 月的那本尤其令我感兴趣，那本书是刘易斯（C. S. Lewis）的《纳尼亚传奇：狮子、女巫与魔衣柜》（*The Lion, the Witch, and the Wardrobe*）。在故事中我随主人公露西与她的兄弟姐妹们一起，"在战时为躲避空袭而被送往伦敦郊外，住在乡村一位老教授家中"。那是"一栋你永远看不到走廊尽头的大房子，里面有很多令人意想不到的地方"。

我跟随露西踏入了某个近乎空荡荡的房间中，在房间仅有的大衣柜里，挤过一排排布满灰尘的厚重大衣，跌跌撞撞地摸索着爬进衣柜最深处。突然，我听到脚下传来了踏在雪地上的那种嘎吱嘎吱的声音，之前的大衣都消失不见了，取而代之的是一排排郁郁葱葱的冷杉，伫立在这片深藏于衣柜深处的魔法大地上。

从此之后，这片叫作"纳尼亚"的大地就成了我的深爱之地。我在那年冬天屡次前往那里，因为读的次数太多，好几个月我脑海中都是挥之不去的故事场景和情节。

有一天，当我从学校走回家时，我又想起了"纳尼亚"故事里的某个场景。路边一排排的街灯让我想起了我在那个故事里读到的那盏路灯，就是在那里，孩子们从纳尼亚回到了老教授那暖乎乎又散发着樟脑球味的大衣柜。

那时正值下午 3 点，但路灯已经亮起。路灯的光晕在逐渐降临的夜幕中等距排列。我数了数自己从一盏路灯匀速走到下一盏所用的时间，正好 8 秒。然后我又向后退着走并数了一遍，同样也是 8 秒。走过几户人家之后，我看到了自己家亮起的灯光，长方形的窗户在红砖之间闪着朦胧的黄色光晕。

我心不在焉地注视着那些窗户，思考着那 8 秒钟。我需要走一定的步数，才能从一盏路灯走到下一盏。在我到达下一盏路灯之前，我得先经过这段路程的中点，这需要花 4 秒钟时间。但这样说来，剩余的 4 秒钟路程里也同样有一个中点。当我走到那里时，距我离开起点已经过了 6 秒，于是我离终点还剩 2 秒。但在我到达终点之前，剩余的路程里也有一个中点，而这个中点，我会在 1 秒后到达。想到这里，我觉得我棉帽里的脑袋已经开始发热了。因为走过 7 秒之后，最后的第 8 秒也同样会有一个中点。而自起点出发 7.5 秒后，在余下的半秒中也还要再经过一个中点才行。而在 7 又 3/4 秒之后，还剩 1/4 秒。走过其中的一半，还有 1/8 秒的路程。之后距离终点依次是 1/16 秒、1/32 秒，然后是 1/64 秒、1/128 秒，以此类推，我似乎永远也到不了终点。

突然间，我发现不能依靠那些 8 秒钟来把我带向终点了。更糟的是，我甚至无法确定这些数字是否还能让我再往前移动分毫。我意识到，那些通往终点的永无止境的分数秒钟，也同样适用于起点。比方说，如果我的第一步需要花 1 秒钟，那么这 1 秒之中，当然也有一个中点。但我在走过这一中点之前，还得先花 1/4 秒走过前半秒的中点，以此类推。

于是我的腿自动假设所有这些中点都已经被我走完了。我调整了一下肩上笨重的书包，继续从 1 数到 8，走过一盏盏路灯。数出的数字肆意消失在凛冽的空气中，然后便是一片沉寂，但没过多久这沉寂就被另一个声音打破了。"你为什么站在外面不进来？外面又冷又黑，"我爸爸站在门口的黄色椭圆形光晕中冲我喊道，"赶快进来！"

我没有忘记潜伏在我家门前街道上路灯之间的无穷无尽的分数。日复一日，每当经过这些路灯，我都会忍不住蹑手蹑脚，生怕一不小心便会落入穿插散布于整秒之中的可怕缺口。我的模样看起来一定非常滑稽：戴着圆滚滚的棉帽，背着笨重的书包，小心翼翼地向前迈着小步。

87654321·········
·········

我惊异于数字之中的小数字，它们是如此之小。这种分数的分数的分数的分数的分数……永远没有穷尽。如果用 0 加上这样一个分数，得到的结果简直微不足道。即使把成百上千甚至成万上亿个不同的分数相加，结果仍然比零多不了多少。

也许只有无限个不同的分数相加才有可能让 0 变成 1，摆脱一无所有的尴尬：

$$1/2+1/4+1/8+1/16+1/32+1/64+1/128+1/256+1/512+1/1024\cdots=1$$

$\times$

有一年的跨年夜，妈妈突然激动不安地嘱咐我要表现好一点，因为有两位稀客将会在当天造访我家并与我们共进晚餐。妈妈似乎是因为图书管理员的妻子曾帮过她的忙，所以想要有所报答。"不许问傻乎乎的问题，"妈妈对我说，"也不许把胳膊架在饭桌上，吃完饭就赶快去睡觉！"

图书管理员和他的妻子准时到达，他们带来了一瓶我爸妈之后再也没打开过的红酒。他们背对着背在门口脱掉了大衣，然后在餐桌前就座。那位太太赞美了我们家的桌布。"这是从哪儿买的？"她不理会自己丈夫的叹气，向我妈妈询问道。

我们吃着我爸爸做的烤鸡和烤土豆，还有豌豆和胡萝卜。在吃饭时，图书管理员一直侃侃而谈，所有人的目光都聚集在他身上。图书管理员谈到了天气、政治局势，还有很多电视上曾没完没了、播个不停的废话。他的妻子则坐在他旁边，一边慢慢地吃着东西，一边腾出一只手，忧虑地拨弄着她那并不多的黑发。

在她丈夫一刻不停地发表演说的过程中，有那么一瞬间，她试着用手指轻轻碰了碰她丈夫攥紧的手。

"你干什么？"

"没事。"她拿着叉子的手又缩回到自己的盘边，她看起来好像快要哭了。

我父母显然在待客礼仪方面经验不足，他俩无助地看了看彼此，之后很快收拾了盘碟，并端上了冰激凌，房间里的氛围也随之沉寂下来。

这一场景让我想到在两颗心灵间，短短的距离中也许也潜伏着无穷无尽的节点。

如果你问冰岛人 3 后面的数字是什么，他会反问："3 个啥？"与其面露愠色，强迫自己想出点什么，不如对着远处随手一指。顺着你伸出的手指看过去，4 只毛发凌乱的羊正用空洞的眼神呆望着你们。"哦，那个啊，"冰岛人最后回答道，"4 只羊（fjórar）。"

这种令人恼火的情况背后其实大有原因。假设你去冰岛时随身带着一本有着防水封面的常用语手册，当翻到有关数字叫法的那一页时，你会发现，与数字 4 相对应的单词其实是 fjórir。这不是拼写错误，也不是回答你的那位冰岛人说错了。其实 fjórar 和 fjórir 两个词都是对的，它们的意思都是"4"。如此，冰岛人数数的复杂程度也就可见一斑了。

几年前我去雷克雅未克旅游时，第一次接触到了冰岛语。谢天谢地，我那时没有带常用语手册。当时我只对古英语的字形、发音略知一二，又在中学时学过一点德语，就满心好奇地上路了。好奇心在我去法国时就帮了大忙。同样，在那趟冰岛之旅中我也更乐意通过与人交谈而不是借助教科书来学习语言。

　　我不喜欢教科书，因为它们总喜欢把一些毫无关联的词，比如"水杯"和"书架"、"铅笔"和"烟灰缸"硬塞进同一页，然后再把这一页叫作"词汇表"。

<blockquote>
1 2 3 4 ……

对话中的语言通常是流畅的、动态的，而你自己也要顺势而动。你边走边谈，观察聆听；了解词句从哪里来，又说给谁听。也就是通过这种方式，我学会了用维京人的方式数数。
</blockquote>

✕

　　据我所知，冰岛人对较小的数字有着很精确的区分。"4 只羊"中的"4"和抽象的 4 并不是同一个概念。冰岛小镇惠拉盖尔济（Hveragerði）的农夫可能一辈子都想不到有用抽象数字来数羊的必要，他的老婆孩子、街坊邻里大概也都想不到。所以对他们来说，像教科书那样将 fjórar 和 fjórir 这两个词列在一起是毫无意义的。

　　别以为只有羊才能享有数词变化的特权，况且当地人平日里也不太会聊到这些毛茸茸的家伙。同你我一样，我那些雷克雅未克的朋友也常常谈起生日、公交车或是牛仔裤等等。但和英语不同的是，在冰岛语里这些东西都得用各不相同的数词来表达。

　　比如，一个两岁小孩的年龄会被说成是"tveggja"岁，但常用语手册还是会提醒你 tveir 才是"2"。在我们看来，年龄是很抽象的，但它在冰岛语中却能被感官所感知。你或许能看出 tveggja 和 tveir 的差别，即念"tveggja"需要更长的时间，音长也较长。这种现象在表达"4 岁"（fjögurra）时则更为明显。有趣的是，这些词型变化几乎只出现在表述年岁增长的语境中，在讨论月份、日子或星期时则很少会出现。与之相反，冰岛语中表示时间的数词则非常精简，如两点钟被简单地叫作"tvö"。

那么公交车呢？在英美国家，我们会用 the number three bus（3 路公交）这样的短语，让数字融入车辆名字。冰岛人也有相似的说法，他们常用的几条公交线路的公交车都会直接用特定的数词来命名。在雷克雅未克，3 路公交会被叫作"þristur"（而数字 3 则是 þrír），4 路公交则被称为"fjarki"。

还有就是有关成双成对的东西，如牛仔裤、短裤、袜子或是鞋子。对于这类物品，冰岛人觉得 1 即为 2。比如，冰岛人会说"einar"条牛仔裤，而 1 在常用语手册中是 einn。

久而久之，我对所有归属于这类的词语也都有所了解了。**冰岛语里从 1 到 4 的词汇量比英语里从 1 到 50 的总数还多**。为什么冰岛人要为这么几个数字创造那么多词语呢？当然我们也可能会问：为什么英语只用那么几个词就能表示那么多数字呢？

我觉得，在英语中数字代表的是很抽象的概念，其是被当作一种分类标识，而非实质事物。但冰岛语中即使很小的数字也多有实指。或许我们应该将冰岛语中表示 1、2、3、4 的词汇的丰富程度与我们表示颜色的词汇的丰富程度相比较。比如，red（红色）这个词在英语里是很抽象的，对其所指之物也是不带感情色彩的，但诸如 crimson（绯红）、scarlet（猩红）或是 burgundy（酒红）之类的词汇，却富含意味并有各自的适用之处。

**所以，和我们命名颜色的方式相似，冰岛人为较小的数字命名时也体现出**

**了细微的差别**。但对于这种命名方式为什么到 5 就停止了（数字 5 及之后的每个数字都只有一个对应词），我们只能进行推测。根据心理学家的说法，人在一瞥而过时对物体数量的反应至多只能到 4。我们看到衬衫上的 3 颗扣子可以本能地说出"3"，看到桌上的 4 本书也可以直接说出"4"。在这种反应过程中，我们不需要思考，就能轻而易举地脱口说出这些数字。针对这一现象，心理学家分析说，这是因为较小的数字已经在我们头脑中留下了烙印。如果让人在 1 到 50 之间任选一个数字，人们会更倾向于选取该范围内较小的数字。例如，比起 40，人们更乐意选 14。这也解释了为什么人们觉得最常见的几个数字会更为真实、亲切，而其他大部分数字则只来自老师和课本。40，是一个模糊的概念；14，则是一个触手可及的量级；4，对我们来说也更为真实、亲切。在冰岛语中，你甚至可以用 4 来为你的孩子命名。

$$\times$$

我对汉语不太了解，但我曾在书中见识过汉语计量方式的复杂，其程度和冰岛语相比简直不相上下。尽管数量都是 4，中国乡村的牧羊人会说"4 只羊"，而养马人则会说"4 匹马"。因为在汉语里，马匹、家畜与其他动物的量词是不同的。如果你问一个农民他今天早上为多少奶牛挤了奶，他会回答："4 头。"而与鱼有关的量词又有所不同，垂钓者会用"4 条"来描述他今天钓到的鱼的数量。

与冰岛语不同的是，汉语里这种精确的量词划分适用于所有具体数量。这种通用性对中国人来说省了不少事。"4 条"可以用来表示鱼的数量，也可以用来计量裤子、马路、河流以及其他细长蜿蜒的物体的多少。锁匠说起他的钥匙时会用"把"，但家庭主妇谈到她的菜刀时也会用"把"这个量词，裁缝提及他的剪刀时也是一样（当然还有其他手持的便于使用的小工具）。而当裁缝用剪刀将布料一裁两半时，他会说"两张布"，当然，说起纸张、画作、车票、毛毯或是床单时也会用到"张"这个量词。如果此时裁缝把他的两张布卷成硬实的长卷，那么他会改用"两卷"来进行描述，同样，卷轴、电影胶卷的量词也是"卷"。如果裁缝把这两张布改揉成团，那描述词就会变成"两团"。"团"这个量词也适用于其他类似的团形物体。

当说到人数时，汉语会以"一个"作为起始，但如果是以家庭为单位来计量人数，那么量词就会变成"口"；若是计量律师、教师或是其他专业人士的数量，量词则会改为"名"或"位"。用来表示群体人数的量词取决于组成成员。一支100 人的队伍如果是由学生组成的，那就会被说成有"100 个人"；但如果这 100 人来自同一个大家族，则会被说成有"100 口人"。

更复杂的是，在中国的一些地方，一些特定的量词在方言里还可以指代更多东西。比如，50 粒的"粒"在汉语普通话中通常用来计量较小的圆形物体的数量，比如米饭粒；但对闽南人来说，50 粒这个数字有点大，因为他们更习惯用"粒"来数西瓜。

$$\times$$

像冰岛语和汉语这样有丰富数量词的情况是很特殊的。与它们相反，**世界上许多部落语言用来计量的词都少得可怜**。据说，斯里兰卡的古老土著维达人（Veddas）只有 ekkamai（1）和 dekkamai（2）这两个数词。对于更大的数字，他们会说"otameekai, otameekai, otameekai……"（再多一个，再多一个，再多一个……）。还有一个例子是秘鲁的卡奎特人（Caquintes），他们的数字 1 和 2 分别是 aparo 和 mavite。当需要说"3"时，他们会说"再加上 1"，而 4 则是"再之后的那个"。

巴西的蒙杜鲁库人（Munduruku）通过为每个依次递增的数字增加一个音节的方式来模仿数字所表示的数量：1 是 pug；2 是 xep xep；3 是 ebapug；4 是 edadipdip。可以推知，他们数数最多也就到 5 为止了。这种通过增加音节模仿数字所表示数量的方式尽管很简单，但也有硬伤。只需想象如何说出用来供给食物的整片树林的树木数量就行了！对于人类的口腔来说，想要说出无穷无尽、无休无止的音节串实在是太勉为其难了（让听众竖着耳朵听则更是难上加难）。如果用这种方式来背九九乘法表，想想就让人头疼。

对于使用能一直数到几千、几万甚至更大数字的语言的人来说，这实属奇闻异事，但那些部落语言也确实原始又直接地将词和所对应的数量建立起了联系。不过在大多数部落，其实连这点都很难做到。很多部落语言中的数词都是可以通用的，所以用来表示 3 的词有时也可以用来表示 2，当然有时候也可以用来表示 4 或 5；而表示 4 的词，也常常可以用来表示 3 或 5，作为近义词，有时甚至还可以用来表示 6。

对于这些部族聚落来说，几乎不存在需要用到更精确的数字体系的情况。甚至在他们的日常生活中，大于自己手指数量的数字都显得有点多余。毕竟这样的地区大都没有法律文件需要签署日期，没有征税的政府机构，没有钟表和日历，没有律师和会计，没有银行也没有纸钞，没有温度计也没有天气预报，没有学校、书本、扑克牌；不需要排队，人们也不用穿鞋（所以就不需要考虑鞋码）；没有商店和账单，更没有欠的债需要还。对他们来说，"一伙人不多不少正好 11 人"，听上去就如同有人告诉我们说"这一伙人不多不少正好有 110 根手指"一样怪异，对了，当然还有"110 根脚趾"。

亚马孙丛林里有个部落对数字毫无概念。这个部落叫作"皮拉罕"（Pirahã）或"西艾提依西"（Hi'aiti'ihi），意思是"耿直的人"。皮拉罕人对外面的世界毫无兴趣。他们聚居的茅草屋零星散布在迈西河（Maici River）畔，被密林所包围。丰沛的雨水将郁郁葱葱的枝叶浇打得七零八落。这里终日闷热潮湿，使得来访的传教士和语言学家脸上满是狼狈。孩童光着身子在村庄内外跑来跑去。孩子母亲身披的薄衫是与巴西商人以物易物换来的，男人身上穿的花哨 T 恤衫也是通过同样的渠道得来的，那些 T 恤衫是政治竞选活动中留下的纪念品。

木薯（一种硬而无味的块茎作物）、鲜鱼和烤穿山甲是皮拉罕人的主要食物。收集食物的工作男女有别。天刚亮，女人便离开茅草屋去处理木薯、收集柴薪，男人便去河流上游或下游捕鱼，花上一整天，手持弓箭，目不转睛地盯着河流。因为没有贮存条件，鱼都是现抓现吃的。皮拉罕人分配食物的方式，是让族人随意分光所有的食物，没分到食物的人向分到的人索取，有食物的人则一定要将食物再次分配出去，直到每个人都吃饱为止。

如今我们对皮拉罕人的大部分了解，都要归功于美国加利福尼亚州的语言学家丹尼尔·埃弗里特（Daniel Everett）。埃弗里特花了 30 年时间近距离研究皮拉罕人。专业素养和不懈坚持让埃弗里特渐渐习惯了刺耳的皮拉罕语，并将其转化为可理解的只言片语，而埃弗里特也成了第一个能接受皮拉罕生活方式的外来者。

埃弗里特惊讶地发现，皮拉罕语没有特定的字眼来表示时间或数量。他从未听过 1 或 2 之类的数字。即使他向村民询问最简单的数学概念，最后也只能换来村民眼中的困惑或冷漠。父母能记得所有小孩的名字，但却说不出自己有几个孩子。皮拉罕人也不记得一天之前的计划或日程。和外人以物易物时，皮拉罕人会慢慢交出采集来的坚果，直到交易者表示成交为止。

皮拉罕人也不会利用身体部位，如伸直或弯曲手指来计数。遇到需要表示数量的情况时，他们会掌心向下，通过展示手与地面的距离来表示一堆东西的高度，并借此表示数量。

皮拉罕人似乎也不会分辨一个人或一群人、一只鸟或一群鸟、一撮木薯粉或一袋木薯粉。所有事物都用"小"（hói）或"大"（ogii）来区分。一只金刚鹦鹉是"一小群"，一群鹦鹉则是"一大只"。亚里士多德在其著作《形而上学》（*Metaphysics*）里提到，数数之前需要先对 1 有所了解。要数出 5 只、10 只或 23 只鸟，我们得先说明什么是一只鸟，不管这只鸟是什么种类。但对皮拉罕人来说，这种抽象思维是相当陌生的。

有了抽象思维，鸟就会变成数字，人与木薯亦然。我们可以看着某个场景说"那儿有 2 个人、3 只鸟和 4 块木薯"，也可以说"那儿有 9 样东西"。但皮拉罕人可不这么想。他们会问："这些东西是什么？""这些东西在哪里？""这些东西是干什么的？"鸟会飞，人会呼吸，而木薯树则会苗壮成长，但把这些东西聚在一块儿是没有意义的。

皮拉罕人很难理解绘画或照片，这也是意料之中的事。他们会偏着或反着拿照片，对照片里呈现的事物视而不见。对他们来说，画画也非易事，甚至他们连划条直线都觉得很困难。皮拉罕人也无法精确地复制简单的形状，很有可能他们对此不感兴趣。他们只会在研究者的笔记本上，用语言学家或传教士提供的铅笔画出一个个圆形，且每个圆形都与前一个略有不同。

这可能也解释了为何皮拉罕人没有民谣，同时也没有创世神话。至少就我们的理解，故事应该有起承转合，要有开头、过程和结尾。讲故事的时候，其实也是在重述情节，为每个段落起名字其实就相当于在用数字为它们编号。然而皮拉罕人只会叙述当下，他们的动作不涉及过去，他们的想法也不涉及未来。他们对埃弗里特说："在历史上，什么也没发生，所有事物都是一样的。"

×

　　如果有人认为像皮拉罕这种部落不具代表性，那么请容我介绍一下澳大利亚昆士兰州北部的辜古伊密舍族（Guugu Yimithirr）。跟大部分的部落语言一样，辜古伊密舍语的计数词也少得可怜，只有 nubuun（1）、gudhirra（2）和 guunduu（3以上）。然而也正是这种语言，让辜古伊密舍人得以探索广袤的大地，因为该语言中还包含有多种坐标词汇，这促使辜古伊密舍人能直观地面向东南西北，拥有无与伦比的方向感。举例来说，辜古伊密舍人不会说"你的右腿上有只蚂蚁"，而会说"你的东南腿上有只蚂蚁"；不会说"把书向后移一点"，而会说"把书向西北方移一点。"

　　如此说来，指南针对他们来说一点用处都没有。但关于辜古伊密舍人的能力，我们还有另外一个有趣的发现。在英国，孩童常常难以掌握负数的概念，2与 -2 的区别常常超出他们的想象。但辜古伊密舍的小孩却有绝对的优势。就 2来说，他们会认为是"向东走两步"，而 -2 则是"向西走两步"。问一个英国小孩"-2 加 1 等于多少"，他可能会说"-3"。但辜古伊密舍小孩则会通过向西走两步，再向东走一步，心算出正确答案是"向西走一步"，也就是 -1。

×

　　最后一个数数受文化影响的例子，来自利比里亚的科佩尔族（Kpelle）。科佩尔语里没有用来表示"数字"这一抽象概念的词语。其语言中虽然有数词，但很少用在超过 30 或 40 的场合。有个语言学家曾对科佩尔的一个年轻人进行过访谈，这个年轻人甚至无法想起 73 用科佩尔语要怎么说。对于较大的数量，科佩尔人通常用一个表示 100 的词来表达。

科佩尔人相信，数字对人畜都是有魔力的，因此不能轻易示人，想要略知一二，也须心怀敬畏。族中耆老通常会对计算方法讳莫如深，科佩尔的孩童只能从老师那儿学到最基本的数字概念，一次学一点，而且不会学到任何算数口诀。例如，小孩在学了 2+2=4 之后的几个星期、甚至是几个月后，才会再学到 4+4=8，但他们从来不会学如何连接这两个算式，如 2+2+4=8。

同时，科佩尔人也相信，直接点人数会带来厄运。在非洲，这是既古老又广为流传的禁忌。一些宗教书籍也持有类似的观点，认为人类的计数行为是低级趣味的表现。**看来，使用简洁数字不是语言上的问题，或不单单是语言上的问题，它也是道德问题。**

我曾兴致勃勃地读过尼日利亚小说家奇努阿·阿切贝（Chinua Achebe）的散文集。其中一篇提到，有个西方人曾问阿切贝："你有几个小孩？"阿切贝认为，对于这种不礼貌的问题，最好的回答就是沉默。

阿切贝的第 ano 个孩子则说："情况在变，而且变得很快……因此对于我父亲沉默以对的问题，我已经知道该怎么回答了。"

ano 是 4 的意思，在冰岛，人们会把老四叫作"fjögur"。

# 04 谚语和乘法表

我曾饶有兴致地研究过一本关于谚语艺术的专著，那本书是我年少时在常去的市立图书馆找到的。我已经记不得书名了，当然也想不起作者是谁，但我仍能记得当我的手指抚过书页时，心中那难以抑制的激动。

Penny wise, pound foolish.
小事聪明，大事糊涂。
Small fishes are better than empty dishes.
聊胜于无。
A speech without proverb is like a stew without salt.
讲话不说谚语，就好像炖菜不放盐。

现在想起来，我怀疑这本书的作者并不是一个人。每一则谚语都是佚名的，也都以精妙的组合构成了社会精神宝库的一部分。谚语就好像早已被事先写好了一般，静静等待着有朝一日能被人传颂。一些语言学家断言，语言的产生是独立于任何人为原因之外的，语言的起源可以追溯到一种仍不为人知且十分独特的遗传基因。也许谚语在起源这方面也和语言本身差不多，它的存在对人类文明的意义也如同语言本身一般重要。

×

无论我在图书馆找到的那本书的作者或编辑是谁，它都实实在在地让我明白，一个正常人所能消化的谚语数量是十分有限的。如果过量学习谚语，那么势必会使人觉得难以领会其意，并感到头昏脑涨、眼睛酸痛。如果过度沉溺其中，人们从谚语严密结构中所获得的精妙贴切感就会消失，到那时，谚语读起来感觉就像是在不断唠叨重复相同的东西，虽说这也差不多是事实。我估计，一个人能接受的谚语的极限数量大约为 100 则。

**100 则谚语或多或少能够反映一种文化精髓的集合，在西方，100 种数字乘法运算的结果则构成了乘法表**[1]。和谚语一样，这些数学真理或论述，如 2 乘以 2 等于 4，或者 7 乘以 6 等于 42，都非常简短精练。可是为什么我们使用英语语系的人没有办法像记谚语那样牢记它们呢？

有些人会说，以前人们还是能记住乘法表的。那么是多久之前呢？当然是在那些所谓的"逝去的好时光"。这些人声称，如今儿童的头脑都太过懒惰了，他们不爱学习，只对互相发信息感兴趣。批评者们回溯到还没有电脑和计算器的时代，他们认为那时每个数字都能灌输至儿童的大脑中，直到儿童拥有正确求解的第二本能。

---

[1] 这是指英语语系下常用的 10 以内数字的乘法表（ten times table），从 1 到 10 两两相乘共 100 种运算结果，而中文语言体系下常用"九九乘法表"，用于计算 9 以内数字的乘法。——编者注

只不过这样的"好时光"根本不曾存在过。乘法表总是让学校里的孩子们感到头疼，对此查尔斯·狄更斯在 19 世纪中期的作品中就有过记载：

> 斯图尔赫小姐把头探出教室外，用她始终如一的微笑迎接两位正向她走来的先生，然后她用最柔和的声音同教区牧师讲道："先生，很抱歉打扰您，但今天早上罗伯特在背诵乘法表时表现得很不好。"
>
> "他现在卡在乘法表哪里了？"切纳里医生问道。
>
> "他在 7 乘以 8 上卡住了，先生。"斯图尔赫小姐回答道。
>
> "鲍勃！"教区牧师隔着窗户向教室内喊道，"7 乘以 8？"
>
> 躲在教室里的鲍勃嗫嚅道："43。"
>
> "再给你一次机会，再错我就要拿手杖打你了！"切纳里医生说道，"现在你给我小心点！ 7 乘以……"

最终要不是男孩的妹妹迅速喊出了答案打断了他们，男孩肯定免不了因为再次答错而受皮肉之苦。

$$\times$$

几百年来，乘法算术题对孩子们来说，难度丝毫未减。这种状况借用政客们最爱讲的话来说，"是个大问题"。英国学校监督署的报告显示："对乘法表熟悉程度不足，会严重影响乘除法计算的熟练程度。很多反应较慢的中学生都很难直接运用乘法表计算。老师们认为熟练运用乘法表是获得出色乘法运算能力的先决条件。"

**乘法表口诀的运用反映了数字知识的本质：数学分子**。数学分子使我们明白两个星期有多少天（7×2）、棋盘上有多少格（8×8）、3 个一组的纸盒共有多少个面（3×6）。它们帮助我们把 56 件物品平均分给 8 个人（56÷8=7），或让我们意识到 43 件物品没有办法平均分配（因为 43 是没有在乘法口诀表中出现的质数）。数学分子使学生们不再焦虑，也让他们的自信心大大提升。

这些数学分子最重要的地方在于形式上的排列组合。举例来说，"9×5=45"和 "9×6=54" 两则口诀答案中的数字是一样的，只是顺序相反。如果想想关于数字 9 的全部口诀，我们就会发现每个答案中十位和个位的数字相加都等于 9：

$$9×2=18$$
$$9×3=27$$
$$9×4=36$$

如果我们探索其他数字系列的口诀，那么也不难发现 5 乘以任何偶数得到的答案都以 0 结尾（2×5=10，……，8×5=40），而当 5 乘以任何奇数时得到的答案也都以它本身结尾（3×5=15，……，9×5=45）。抑或者，如果我们用 6 的平方加上 8 的平方，那么最后就会得到 10 的平方（$6^2+8^2=10^2$）。

关于数字 7 的口诀是最难捉摸的，但它们也有着很神奇的排列组合形式。请回想 7 在电话键盘上的位置，也就是左下角，现在如果你向上看，在上方紧邻 7 的数字是 4，如果再向上看，是 1。然后你再以同样的方式从中间一纵列最下方的数字看起，也就是从 8 往上，以此类推。这样键盘上的每个数字都依次对应了数字 7 乘法口诀中每一个答案的个位数：7（1×7=7）、4（2×7=14）、1（3×7=21）、8（4×7=28）……

当然，并不是所有的乘法口诀都很复杂。1 或者 10 乘以任何数字得到的答案都很简单明了。我们的双手让我们能够理解 2×5 或者 5×2 都能得到答案 10。还有很多能得到相同答案的等式，比如，2×6 和 3×4 都等于 12；3×10 和 6×5

得到的答案也相同。

但其他口诀就很棘手了，它们不够朗朗上口，也很容易让人弄混。很多文明都尽其所能地让这些别扭的口诀得以传承下去。人们将口诀刻进岩石、载入羊皮卷，或以威胁或是鞭笞的方式惩戒记不住口诀的倒霉学生。**以最简洁的形式和措辞来传达那些最基本的真理，这样人们既不会说得太费劲，也不会听得太吃力。**

这就和谚语一样。

举例来说，当我们的祖先说着"一日一苹果，医生远离我"（An apple a day keeps the doctor away.）这样的句子时，他们究竟想表达什么？我们当然不应该仅根据字面意思去解读它，就好像不能迷信地认为一瓣大蒜就能迫使吸血鬼逃之夭夭一样。实际上这句话意在表达两种不同事物之间的核心联系：（以苹果为代表的）健康饮食和（用见医生来体现的）疾病。可以用来表现这种联系的其他形式如下：

> "一日一水果，对你身体好。"
> "健康饮食不得病。"
> "想要不生病，饮食要均衡。"

这些版本都很简短，有的甚至比原版谚语还要短，但它们却无法像原版那样令人印象深刻。

早在狄更斯描绘乘法表的恐怖之前，英国人的祖先就总结出了"56 等于 7 乘 8"这样的口诀，就如同他们用苹果和医生来反映健康好坏一样。但也如同"健康"这个概念，数字 56 亦可以通过很多其他途径得到：

$$56=28×2$$
$$56=14×4$$

甚至也可以是：

$$56=3.5×16$$
$$56=1.75×32$$
$$56=0.875×64$$

从以上算式不难看出为什么人们在多数情况下更倾向于使用简洁明快的"7乘以8"，而不是其他诸如"1 又 3/4 乘以 32"或是"64 的 7/8"的方式来得到56，虽说这些算式在某些情况下也非常有用。

"7 乘以 8"到底是什么？它其实是最能够简洁地得到 56 的算式。

谚语中熟悉的组合形式不仅简洁清晰，而且还形象生动、用词精练。例如，"一日一苹果，医生远离我"只有在读到结尾时，苹果用来指代"健康的保证"的这一意象才变得明显起来。在这里"苹果"是用来回答"什么能让医生远离我"的这一问题的。其他的谚语也常用这种结构，也就是把答案放置在问题之前，比如，"一针及时，九针可省"（什么才能省九针？——及时的一针）或是"盲者便是无书人"（什么是无书人？——盲者）。

把答案置于起始位置有助于激发我们的想象力：我们之所以能轻易地接受"苹果能够防治疾病"的这一观点，部分原因是苹果这个概念已被最先给出了。此外，这种结构还能够吸引我们的注意力，激发我们对谚语所述画面的想象：当思考盲者的形象时，我们便更能清晰地理解什么是"无书人"。

当我在讨论用什么样的方式可以让我们想到数字 56 时，我借用的便是谚语的这种特点，即把答案放在最前面。比如，"56 等于 7 乘以 8"就强调了最需要强调的部分：7 和 8 都不是重点，重点是它们得出了什么样的结果。

形式是很重要的。当一个学生读到"56 等于 7 乘以 8"时，冥冥中仿佛能听到之前好几个世纪学子的低语；而当另一个学生看到"7 乘以 8 等于 56"时，他仿佛只是在孤身战斗。第一个学生有丰富的资源可以继承，而第二个学生却什么也得不到。

$$\times$$

如今，关于乘法表的争论大多会忽视其形式的重要性，而 19 世纪的美国学校却不会这样。这个年轻的国家曾开启过种种空前绝后的教育讨论，对每一个细节都充满了好奇。老师们深刻地思考着乘法口诀中动词的用法。1858 年出版的《英语语法》（*The Grammar of English Grammars*）一书记载："任何数字乘以 1 的时候，显然用单数动词最合适，如'3 乘以 1 等于（is）3'；任何数字乘以大于 1 的数字时，最好用复数动词，如'3 乘以 2 等于（are）6'。"

在用词方面，比较激进的理论家们认为，所有诸如"乘以"之类的不必要词汇都应该省去，与其让孩子们学"4 乘以 6 等于 24"，不如直接说"4 乘 6，24"。这些教育家们认为应该效仿 2000 年前古希腊时期儿童吟诵的乘法表，如"1 个 1 等于 1"，"2 个 1 等于 2"，以此类推。还有些学者甚至想得更远，认为"等于"之类的词也可以去掉，就像中国常用的乘法口诀那样，说成："四六二十四。"不少亚洲国家也用这种乘法口诀。

比如，日本的乘法表中每个音节都恰到好处。以每个孩子一开始就会学到的

"1×6=6"为例。在标准日语中，1 的发音是"ichi"，6 的发音是"roku"，合在一起就是"ichi roku roku"（一六，六）。但日本小学生并不是这样念口诀的，因为这种念法冗长刺耳，实际上小学生们会说"in roku ga roku"（一六得六），用"ichi"的省略形式"in"并加入"ga"来使音韵和谐。

对于多余词汇或发音的省略在谚语和乘法表中都很适用。当孩子抱怨迟迟没有拿到零花钱时，美国父母会说："Better late than never."（迟到总比不到好。）而当零花钱最终到手时，这个孩子会这样点钱："4 个 5，20。"

在日语中，"6×9=54"的口诀可谓精简到了极致。由于表示 6（roku）和 9（ku）的词在发音上很相似，于是在口诀中便简化成了一个单独的"rokku"。这个全新的表达就好像在英语中用"sevine"来代指"7×9"一样。

为什么"in roku ga roku"听上去比"ichi roku roku"更顺耳？两个口诀都有 6 个音节，都把"roku"重复了一遍，但第一个听起来好听，第二个却不太好听。答案是，第一个运用了平行结构，因此听起来更好听。谚语中也经常会用到这种结构。可以比较一下"Fight fire with fire."（以暴制暴）和"一六得六"。

在英语乘法表中使用平行结构，要比在日语中难得多。对于很多其他欧洲语言来说，同样也很困难。日语中，小孩会用"roku ni juuni"（六二十二）来表示"6×2=12"，会用"san go juugo"（三五十五）来表示"3×5=15"。但要说数字 12 和 15，英国小孩必须用"twelve"（12）和"fifteen"（15），法国小孩必须用"douze"（12）和"quinze"（15），德国小孩必须用"zwölf"（12）和"fünfzehn"（15）。

在英语中，除了数字 1，只有数字 10 的乘法口诀能够规律地使用平行结构。例如，"seven tens (are) seventy"（7 个 10，70），听起来就像谚语"Easy come， easy go."（来得容易，去得也快）一样朗朗上口。

并不是所有谚语都运用了平行结构，还有很多谚语使用的是头韵法，也就是重复使用某一个音节，如英语中的 "One swallow does not a summer make."（一燕不成夏）或是 "All that glitters is not gold."（闪光的未必都是金子）。英语乘法表也有押头韵的地方，如 "four fives are twenty"（4 个 5，20）。如果乘法表能扩展到数字 12，那么就还有 "six twelves are seventy-two"（6 个 12，72）。

在英语谚语的韵律中，平行结构和头韵都是很常见的，比如，"A friend in need is a friend indeed."（患难见真情）或者是 "Some are wise and some are otherwise."（有些人聪明，有些人愚笨）。很显然，平方乘法，也就是一个数字乘以它本身，口诀的开头也有这种效果："two times two（2 个 2）……""four fours（4 个 4）……""nine times nine（9 个 9）……"不过只有 5 和 6 的平方乘法口诀开头与结尾同样工整，"five times five is twenty-five"（5 个 5，25），"six times six is thirty-six"（6 个 6，36）。

"five times five is twenty-five" 和 "six times six is thirty-six" 这对口诀组合，确实深得谚语真传。正因为如此，比起 "2 乘以 2 等于 4"，学生们在学这两个口诀时，更为轻松愉快。5 和 6 在乘法表的其他等式中，也能产生与此类似的效果。用任何奇数乘以 5 都能构成韵律，比如 "seven fives are thirty-five"（7 个 5，35）；用 6 乘以任何偶数也会让这个偶数成为韵脚，如 "six times four is twenty-four"（6 个 4，24）以及 "six eights are forty-eight"（6 个 8，48）。

✕

在乘数字时会不会出错呢？当然会，人人都会犯错。无论用多长时间苦心钻

研数字，回忆有时也难免会出岔子。我曾听说，某世界一流的数学家在被问及
"9 乘以 7 等于多少"时，竟也一时语塞，难以作答。

　　我们在背诵乘法表时有时也会犯同样的错误，这可能就是我们所说的"口
误"。不过大多数情况下，人们犯错不只是因为说溜了嘴这么简单，而是记忆出现
了问题。当人们说到"He is like a bear with a sore thumb."（他就像只拇指受伤的熊
一样）时，实际上是搞混了"Like a bear with a sore head."（心情恶劣）和"To stick out
like a sore thumb."（格格不入）这两个谚语[1]。这个错误就如同人们把"7 乘以 8"的答
案说成"48"一样，其实是混淆了"7 乘以 8 等于 56"和"6 乘以 8 等于 48"。

　　这些错误都源于人们对所说事物的熟悉程度不足。

$1 \times 1 = 1$

　谚语和乘法表一样，常常让我们感到陌生，它们的缘起离我
们也非常遥远。我们为什么要说"受伤的熊"？为什么燕子
"召唤夏天"的能力就比其他鸟类强？这些措辞就好像乘法
表里的数字一样，模糊又老套，但它们所代表的真理却是古
老悠久的。

　　正如一则印度谚语所言："Hold fast to the words of ancestors."（谨记先辈之言。）
那么也请诸君谨记九九乘法表。

---

[1] 英文谚语中"Like a bear with a sore head."（心情恶劣）直译为"像头部受伤的熊一样气急败
坏"，"To stick out like a sore thumb."（格格不入）直译为"像受伤的拇指一样惹人注目"。作者
此处指的"He is like a bear with a sore thumb"（他就像只拇指受伤的熊一样）是对以上两个谚
语的错误混用。——译者注

# 05 用直觉解决问题

电视节目的编剧人员在创意枯竭的时候，偶尔会拉个有身份的"倒霉鬼"下水，让他出点洋相。

例如，主持人会对着随行摄像头做出夸张的表情，戳戳自己的笔记本，清清喉咙，然后说："请教您最后一个问题，8×7 等于多少？"

这样的场景总是令我叹气。数学最后竟然掉价到用来为难别人是否记得起课堂口诀的地步，真是令人悲哀。

在一档这样的节目中，出席者往往需要回答类似"如果 4 支笔的价格为 2.42 欧元，14 支笔是多少钱"这样的问题。

"倒霉鬼"嗫嚅道："我算不出来。"观众报以哄堂大笑。

当然，这种问题就是要人答不出来。

×

就我所知，对数学的研究是没有终点的，目前我们对于数学的了解还有很多盲区。就我个人来说，我得承认我不喜欢代数，这要归咎于我中学时的数学老师巴克斯特先生。

我得每周上两次巴克斯特先生的课，在课堂上，我会尽可能地低下头。当时我十三四岁，之前在其他数学老师的课堂上都拿了高分，无论是数论、统计学还是概率论，我都能轻松应对。直到我发现自己是个代数白痴。

事情在变，我也在变。每次上代数课我都会手心冒汗、头脑发涨，感觉突然间自己好像有了三头六臂，但却又不知道该怎么使用。学校那低矮的桌面、狭窄的走道此时就像要吞噬掉我的四肢似的。然而，巴克斯特先生却忽视了我的困境。**身体对数学来说是多余的，至少我这么认为。**每个周二和周四各有一个小时，同学们那凌乱的头发、难闻的气味和长痘的皮肤都消失不见了，大家仿佛赤裸着身体一般，直上纯粹理性的穹空。书本的每一页都变成了四边形，城市变成了周长，菜谱变成了比例。我们因乱流而失去了方向，只能在稀薄的空气里摸索前进。

就是在这样的氛围里，我学到了代数的基本原理。algebra（代数）这个词来自阿拉伯语。公元 9 世纪，波斯数学家、天文学家、地理学家阿尔·花拉子密（Al-Khwarizmi）在一篇论述的标题里就用了这个词，该词由此沿用至今。无独有偶，拉丁文中的 algorithm（演算法）一词，也是采用了花拉子密名字的拉丁文变体。这个带有异域风情的出处给我留下了深刻的印象。代数那像蛇一般蜿蜒的算式，虽然让我想起了阿拉伯语的书法作品，但我却并不觉得这些算式有何漂亮。

教科书上的每一页都挤满了字母的碎片，即一堆像 x、y、z 之类的东西。使用这几个我最不熟悉的字母更加深了我对代数的偏见。它们那丑陋的样子，完美地破坏了漂亮的数学算式。

就拿 $x^2+10x=39$ 为例，这样的写法叫我畏缩。我更喜欢说人话，比如，一个数的平方（$1^2$、$2^2$、$3^2$ 等等）加上这个数乘以 10（$1 \times 10$、$2 \times 10$、$3 \times 10$ 等等）等于 39，而 9+30=39，3 满足两边的条件，因此 x=3。很多年后，我才知道花拉子密对遇到的所有问题，也都是用文字进行表达的。

巴克斯特先生又矮又胖，常常喘不过气来，他坚持让我们做书中的练习题。他根本没有耐心用不同的方式来讲题。每当我们举手发问，他都会皱起眉头，并警告我们："把这节再读一遍。"巴克斯特先生坚持要用教科书上的方法解题。当我给他展示我的解题方法时，他会抱怨我没照着课本上的去做，我没有在等式两边减掉相同的值，我没有处理括弧，等等。他的红笔字迹至今仍在我认真写下的答案上燃烧着。

容我进一步解释我那"离经叛道"的算法，以 $x^2=2x+15$ 为例，我是这样用文字进行描述的：

> 有个数的平方（$1^2$、$2^2$、$3^2$ 等等）等于该数乘以 2（$1 \times 2$、$2 \times 2$、$3 \times 2$ 等等）再加上 15。换句话说，我们找的是大于 17（也就是 15 再加 2）的某个平方数。第一个可能的平方数是 25，而 25 的的确确是 15 再加 10（2 的倍数），因此，x=5。

有几个同学学到了巴克斯特先生的方法，但大部分同学跟我一样，从未理解过这些方法。当然，我不能代表其他人说话，但就我自己而言，这段学习体验是痛苦的。那年结束之后，我非常开心，因为终于可以继续学数学的其他部分了，但对于无法理解代数这件事，我还是感到有些羞愧。巴克斯特先生的课让我对所有的等式都产生了永久的怀疑。代数和我似乎从来没真正和解过。

不过，起码我从巴克斯特先生身上学到了重要的一点，那就是千万不要像他那样教书。这一点在今后帮助了我无数次。

×

在毕业两年之后的一个早上，我打开报纸，看到了一则聘请老师的广告。我曾在立陶宛教过英文，发现自己还挺喜欢教书的，于是我申请了那份工作。面试我的是一位上了年纪的女士，名叫格雷斯，面试地点是在她家客厅的一隅。我坐在格雷斯的书桌前，椅子不大，上面放了块针织的靠垫。如果我没记错的话，她家壁纸上有小鸟和蜜蜂的图案。

这次会面很简短。

"你喜欢帮助别人学习新事物吗？"
"你会特别留心学生的个人学习状况吗？"
"你会遵循课程大纲授课吗？"

这些问题本身就包含着答案，我只用像在外语课上对话一样回答就可以了："是的，我会遵循课程大纲授课。"

这类问题问了 10 分钟后，格雷斯说："太好了，你一定能融入这份工作。但我们已经有好几个教英文的老师了，其他外语也没有缺。你就教小学数学吧，如何？"教数学如何？我也没得选。

格雷斯的安排确实让我忙个不停。其中最远的家教课，我得先坐公交再走路才能到达上课地点，路上花去的时间和上课时间一样长。得知自己得到那份工作后，我很紧张，但我的学生及他们的家人帮助我平复了情绪。我的学生年龄从7岁到11岁，都很有礼貌，也都会认真学习，他们家长的点头称赞和微笑鼓励，舒缓了我紧绷的神经。没过多久，我就不再担心了，甚至还开始对每周的家教课抱有期待。

我承认，我也有我喜欢的学生。我最喜欢的那个学生有一头棕发，脸上有雀斑，他虽然已经8岁了，但个头要比同龄的孩子矮一些。我第一次去见他的时候，他还因为胆怯而抖个不停。我拿着格雷斯借给我的教科书开始上课，但那些书已经很旧了，有股味道，书皮还破烂不堪，而且后来很快就脱页了。那个男孩收到一本崭新的彩色教科书作为圣诞礼物，但书中的术语对他来说太难了。因此我们干脆丢开了这些书，开始找些更好的方法来度过那一个小时。我们天南地北，无所不聊。

我发现男孩喜欢搜集足球球员的贴纸，并能对球员的名字倒背如流。他把贴纸结集成册，骄傲地拿给我看。

我问男孩："你知道册子里有多少张贴纸吗？"他说他从没数过，因为册子页数太多了。

"如果我们一张一张数的话，那要花上很长时间才能数完，"我说，"但如果我们两张两张数呢？"男孩同意这样会比较快。"速度是之前的两倍，"我说，"那如果我们三张三张数呢？我们会不会更快数完？"男孩点头同意，说："速度会是一张一张数的 3 倍。"

　　然后男孩接着说："如果我们一次数 5 张，那我们就可以用 5 倍速数完。"我们相视而笑。然后我们打开贴纸册，从第一页开始。我用手掌盖住 5 张贴纸，总共盖了 3 次，也就是 15 张；第二页的贴纸少一些（两个手掌加 3 根手指，13 张），于是我们在第三页先用两根手指，好与上一页的 3 根手指凑满一个手掌，然后再继续；到了第七页，我们数到了 20 个手掌，也就是 100 张贴纸。我们继续往后翻页，一次用手掌盖住 5 张贴纸，就这样一路数下去。最后，贴纸的总数等于 80 个手掌，也就是 400 张。

　　一起数完贴纸数量后，我们假设有个巨人也想计算他的贴纸，并且巨人的手掌一次可以轻易地盖上很多张贴纸。

　　如果这巨人总共有 100 万张贴纸呢？男孩想了一下："那他可能要用百为单位来计算，100、200、300……"我问小男孩，要算几次 100，才能算到 100 万。他摇摇头。我说："一万次。"男孩惊讶地扬起了眉毛。最后他问："那巨人可以一次数一万张，对吧？"我说对，那么巨人数到 100 个手掌就行了。我继续说："如果这巨人够大，他可以一次数 10 万张。"这样，巨人只要从 1 数到 10，就可以数完 100 万。

　　有次我们在学加法，男孩无意中发现了一个小而聪明的算法。他从作业里抄下了一个算式，供我们上课用。原先的算式是 12+9，但他抄成了 19+2。他发现，这两者的答案居然是一样的，都是 21。这偶然的抄写错误让男孩很开心，也让他停下来开始思考。我也停了下来，不想出声打断他。过了一会儿，我考了他一些更大数字的加法，如 83+8。他闭上眼睛，说："89，90，91。"我知道，他已经明白了。

×

至于其他学生，我想起了每个周三晚上都要去的辛格一家。我一直没办法和那家的父亲好好相处，他是个生意人，总是摆出一副总裁的架势，而那家的母亲却始终温柔待我。他们有 3 个小孩，两男一女，孩子们总是连校服都来不及换便围绕在客厅的茶几边等我。老大已经 11 岁了，有身为长子的自信，还有点爱卖弄；小妹总是顺着老大；老二则是个活宝，总能把全家逗乐。

一开始，三兄妹并不完全把我这个脸色苍白、戴着眼镜的年轻人当作老师。虽然我们年纪至少相差 10 岁，但我看起来太年轻了，可能讲起课来也很年轻，不会像资深教师讲那么多有趣的段子。但我始终坚持自己的立场。他们在乘法上远远跟不上学校的进度，而我的工作就是帮他们赶上。当他们犯错或犹豫不决的时候，我不会斥责他们，这让他们很惊讶。相反，如果他们离正确答案很接近，我还会将答案如实相告。

"8×7 等于多少？"

"50……"老大有些犹豫。

"很好，五十几？"我会鼓励他说下去。

"54."他冒险猜了个数字。

"很接近，"我说，"56。"

abcxyz

很多学生都有犹豫不决的习惯，这激起了我的好奇心。不过这也提醒我，学生之所以会养成这种习惯，不是因为懵懂无知，而是因为优柔寡断。要说学生对答案一无所知，我认为是错误的。学习者其实是有许多想法的，虽然实际上这些想法都很糟糕。如果没有足够的知识来驱除心中的迷雾，学习者在面对一个个错误答案时便会无从选择。

　　我问老大，他说出 54 的时候，心里在想些什么？这个男孩承认在 54 之前，他还分别考虑过 53、56、57 和 55，但他觉得 51 或 52 都太小了，而 58 和 59 又太大了。然后我问他最后为什么选了 54，而不是 53？他说，考虑到 50 是 100 的一半，而问题里 8 的一半又是 4，所以就选了 4。

　　我们继续讨论奇数和偶数的区别。8 是偶数，7 是奇数。如果我们把奇数乘以偶数，那结果会是什么？老大看起来更犹豫了。我给他举了几个例子。在 $2×7=14$、$3×6=18$、$4×5=20$ 中，每个答案都是偶数。"看得出为什么吗？"老二说看得出，因为与偶数相乘相当于是在配对，2 乘以 7 相当于一对 7，4 乘以 5 是两对 5，3 乘以 6 则会产生三对 3。那么 8 乘以 7 呢？老二说："那表示四对 7。"

　　配对能把奇数变成偶数，让一只袜子变成两只袜子，让 3 变成 6、5 变成 10、7 变成 14、9 变成 18。

　　8 乘以 7 的迷雾就这么消散了。53 这个答案可以马上被排除，当然被排除的还有 55 和 57。现在只剩下 54 和 56 了。那接下来要怎么选择呢？我指出，54 和 60 之间差 6，而且 54 和 60 一样，都可以被 6 整除。因此，当被问及什么数能被 6 整除，但不能被 7 和 8 整除时，54 和 60 都是正确答案。

　　通过仔细推理，这些数字淘汰到最后只剩 56。56 和 70 差两个 7，和 80 差三个 8。于是，8 乘以 7 等于 56。

╳

　　我唯一的成年学生是个染着一头黄铜色头发的家庭主妇。她名字很长，我从没想过有那样的元音和辅音组合。格雷斯在电话中告诉我，这位家庭主妇渴望成为一名专业会计。我心想，这个出发点可不会有什么好结果。她对数学的功利心和我认为数学有趣而富有创造性的天真态度产生了冲突。在我看来，这位女士对于数学的态度是很低级的，就好像她只和攀亲带故的人交朋友似的。

不过很快，我就纠正了对这新学生不公正的错误想法。这些想法来自作为小孩子家教老师的我，但对于如何教导成人，如何满足成人的需要和期待，我一点概念都没有。

有一天我们坐在这位女士铺满白色瓷砖的厨房里讨论负数。就和 16 世纪的数学家一样，我们觉得负数既"荒谬"又"不真实"。坐我对面的这位女士觉得负数是很抽象的，人们怎么能从虚无中再减去一些东西呢？我试图解释，但却发现自己词穷了。突然间，我的学生顿悟了：

"你的意思是，负数就像贷款一样？"

我那时还不知道什么是贷款，于是换她解释给我听。我发现对于负数，她知道的比我还多。她的遣词造句背后有着丰富的经验作为支撑，这使我获益匪浅。

又有一次，我们讨论到了"不合理"的分数，也就是假分数（分子比分母大），如 4/3 或 7/4，这让我们又开始从不同的角度来看问题。举例来说，如果我们把 1 看成 3/3，那么 4/3 就可以描述为 1 又 1/3。我们都同意，7/4 相当于两个被切成 4 瓣、但其中一瓣已经被吃掉的苹果（假设 1 相当于 4 个 1/4）。

一个小时的课很快就结束了，但我们还意犹未尽。我们继续讨论着分数。如果把一半再分成两半，再两半，再两半，一直分下去会如何？理论上来说，这一过程可以无限进行下去，我们都感到很惊奇。告知对方自己的发现是个很愉快的过程，就像交换彼此的八卦一样。

这位女士对于分数的结论让我终生难忘，她说：

"这世界不存在一分为二后就不复存在的东西。"

从威廉·莎士比亚的作品中可以看出，莎士比亚对虚无格外痴迷，他是这样定义虚无的：情感、判断或是理解上本应存在、却实际缺失的东西。这种缺失在他笔下的很多角色身上都有所体现，因十分普遍而格外显著，甚至连国王也不例外。

> 李尔王：你用怎么一番话好博取一份比两个
> 　　　　姐姐更富庶的土地？说吧。
> 柯苔莉亚：没什么好说的，父王。
> 李尔王：没什么好说的？
> 柯苔莉亚：没有。
> 李尔王："没有"只能讨来个"没有"。重新
> 　　　　说吧。[1]

这一幕可谓是整部剧中最为紧张激烈的，它将惊人的

---

[1] 文中与莎士比亚剧作有关的内容均引自上海译文出版社于 2014 年出版的《莎士比亚全集》，莎士比亚著，方平译。——译者注

力量凝聚于一个词:"没有。"零。老国王和他心爱的小女儿,互相抛掷着这个终极否定词,在不断的重复之中让矛盾愈演愈烈。

×

当然,莎士比亚时代的人对虚无的概念还是有一定了解的,但对于数字形式的、能够让人们加减乘除的虚无却不甚了解。在算术课上,莎士比亚和他的同学们是英国第一代有幸学到数字 0 的学生。不难想象,当人们初次接触 0 的概念时,那场景该是多么有趣。这个全新又荒谬的数字是否能启发莎士比亚的奇思妙想呢?

在那时,算术对于很多老师来说,都是一堂麻烦的课程。学校老师在算术上的造诣经常受人怀疑。因此,那时的算术课大都短小精悍,并且常常开始于下午放学前的最后一个小时。在这漫长的一天里,拉丁语作文、谚语背诵、吟唱祈祷文等轮番登场,最后才轮到算术,而那些算术练习题基本上都来自一本教材:出版于 1543 年,后又于 1550 年修订再版的罗伯特·雷科德(Robert Recorde)的《艺术基础》(*The Ground of Artes*)。雷科德的著作率先为英语世界引入了代数知识,教授了"自古最简易准确之算学知识及其运用"。

**莎士比亚所学的计数和演算方式便是基于雷科德的理论。**莎士比亚曾学到:"算术之中共用十数,其中一数表虚无,形似字母 O,余私称其为'零'。"这些阿拉伯数字及十进制,很快让被称作"日耳曼数字"的罗马数字黯然失色,因为后者在计算时实在是太冗长复杂了。

罗马数字体系是由字母构成的:I 表示 1;V 表示 5;X 表示 10;L 表示 50;C

表示 100；D 表示 500；M 则表示 1000。所以 600 就是 DC，3000 则是 MMM。[1] 这也大概说明了为什么雷科德要将零与字母 O 进行比较。几年后，莎士比亚让零施展出了极大的威力。在李尔王因为与柯苔莉亚的对话而心神不宁时，弄臣这样对他说："你呀，成了连一位数也不是的圆圈儿数字 0 啦……你呀，什么都不是了。"

在莎士比亚上过的算术课上，字母计数已然过时，数字计数正大行其道。也许那时数字会被显眼地画在表格里，像字母表一样被挂在墙上。小孩们 10 个一组，坐在坚硬的大长凳上，把削尖的羽毛笔浸入墨水中，然后一笔一画、一行一行地誊抄数字。每一页都有零的身影。但为什么要记下这种不代表任何数值的字符呢？为什么要写这个什么也不是的东西呢？

中世纪英国的修道士、译者和书记员，在誊抄早期阿拉伯数学家的论著时就曾见识过零的魔力。一位 12 世纪的抄写员曾建议借用古希腊传说里神奇动物的名字，将零命名为"客迈拉"（chimera）。13 世纪，哈利法克斯的约翰（John of Halifax）认为零"表达虚无"，但也充当"为其他数字腾出空位"的角色。他的手稿在大学中很受欢迎。但直到印刷技术成熟之后，这些理论才更广泛地流传开来，莎士比亚的故乡、位于埃文河畔的斯特拉特福的学生们才得以学到这些理论。

> 葛乐斯德：你方才在念什么？
>
> 爱德蒙：没什么，回爸爸。
>
> 葛乐斯德：没什么？那你干吗这么心急把纸条儿往口袋里塞？

---

[1] 罗马数字的记数规则有四：第一，相同的数字连写，所表示的数等于这些数的和；第二，如果大的数字在前，小的数字在后，所表示的数等于这些数的和；第三，如果小的数字在前，大的数字在后，所表示的数等于两数的差；第四，如果数字上面有一横线，表示这个数增值 1000 倍。——编者注

> 真的没什么，就用不到藏起来呀。来，大家瞧瞧吧，
> 要是真的没什么，我也不用戴眼镜了。

没什么。我们可以用零来想象，究竟什么才是"没什么"。孩子闭上眼睛想要看到这个"没什么"，却没那么容易看到。他能看到两只鞋子、5 根手指、9本书，他能理解 2、5 和 9 的含义。但怎样才能看到 0 只鞋子呢？用一个数字与另一个数字相加，便能得到一个新的数字，一个全新的发音。但如果用一个数字加上 0，结果什么都没变，那个数字还是原来的样子。如果再用这个数字与 5 个0、10 个 0、100 个 0 相加，也不会发生任何变化。用 0 进行乘法运算则更为诡异。0 乘以任何数字，比如 3、400 或者 5678，结果都是零。

所以小莎士比亚能理解课上的内容吗？他会跟不上吗？都铎时代那些身着长袍、脚踏黑鞋的严厉老师们，大概自有办法让他集中精神。老师们手中的藤条可是能打肿小孩屁股的。好在雷科德书中的内容韵律十足，例子清晰明了，甚至不乏些许玩笑和双关语，可以"让初学者更易上手"。鉴于此，我们只能希望，小莎士比亚和他的同学们在学那本书的内容时，不至于感到太痛苦。

$$\times$$

此处共 6 行，代表 6 种数位形式……最下行代表一个数位，其上一行表示两个数位，以此类推，直到最上面一行，也就是第一行，代表 6 个数位。

100000

10000

1000

100

10

1

从右到左，第一个数位表示的是单位或个位，这个数位上的计数单位是"一（个）"；第二个数位是十位，这个数位上的计数单位是"十"；第三个数位上的计数单位是"百"，第四个的是"千"，以此类推。

谈到计数单位，小莎士比亚可能会想到他父亲的手套店。他的父亲会用辅币来点算所有交易的账目。辅币是一种薄薄的圆形硬质铜片，它们作为一副、两副、三副或是四副、五副手套的计数单位，但却没有零副的单位，那些未能成交的交易并不存在计数单位。

我猜学校老师有时会问学生，比如，怎样把三千写成数字？莎士比亚在雷科德的书中学到，零指代数字大小范围。那么要写出千位数，就得有 4 个数位。我们会把三千写成 3（三个千位数）0（零个百位数）0（零个十位数）0（零个个位数），也就是 3000。莎士比亚曾数次在其作品中引用位值的概念，也就是雷科德在其书中所说的"数字的空间"。比如在《辛白林》中：

> 这三人像三千名满怀信心的士兵，
> 其他人一动不动，而这三人就是
> 全部兵力，不停喊："站住，站住！"
> 他们本身的处境……

莎士比亚一定自儿时起就为这个念头而着迷。在这个小男孩看来，虚无是因人而异的。比方说，一只空手就比一整间空教室或是空商店要小得多，同理，101 里面的 0 是 10 里面的 0 的 10 倍。

10000⋯⋯

数字越大，数位就越多，这样它能容纳的零也就越多。一个空房间越大，其能容纳的东西就越多；虚无越大，存在的潜能也就越大。

10 有一个 0，100000 里面有 5 个 0。若是从 100000 之中减去 1，那么整个数字就会发生转变：99999。5 个 0，那 5 个虚无之数突然变成了 5 个最大的数字字符 9。也许就好像莎士比亚《冬天的故事》中的波利克塞尼斯（Polixenes）一样，他知道离群隐遁的巨大潜力，知道如何像零一样隐没游走于巨大的数字之中。

> 我就像是大数末尾的零，
>
> 分量可不轻，
>
> 千百句"谢谢您"之后，
>
> 再添上一句"谢谢您"。

雷科德的书中有大量练习题。小莎士比亚和他同学的草稿纸上很快就写满了各种算式。他们在练习题中量衣裁布、花钱买面包、数羊以及支付别人薪酬。但小莎士比亚却不断地思考着 0，思考着 10，想着它与父亲所想的 10 有何不同。在父亲眼中，10（罗马数字 X）就是两个 5（罗马数字 V）的和，因为无论如何父亲都只想用 5 和 10 来计数。但对他的儿子莎士比亚来说，1 变换了位置，再用 0 伴随其后，这才是 10。对父亲而言，10（罗马数字 X）和 1（罗马数字 I）没有什么相似之处，它们是一个范围中分列两端的两个数；但对小莎士比亚而言，10 和 1 关系密切，它们之间并没有任何阻隔。

10 和 1，1 和 10。

　　小莎士比亚意识到，只要后面有 0 保驾护航，连卑微的 1 也可以变得万分重要。想象力能够调和 1 与 100 万之间的差距。莎士比亚在《亨利五世》的开场白中，用众人为阿金库尔战役捍卫的土地和人民所宣之誓词表达了他的观点：

> 凑在末位，就可以变成一百万；
> 那么，让我们就凭这渺小的末位数，
> 来激发你们百万数字的想象力吧。

×

　　**但也许只有在这个男孩，更确切地说，这个年轻男子的诗歌中，才能最清晰地看出雷科德的教学对他心灵的影响。**在《莎士比亚十四行诗》第 38 篇中，莎士比亚写到了自己与挚爱的缪斯之间的关系，并将两者的关系比作 10：诗人自己是 0，而缪斯则是 1。

> 呵，你得感谢你自己；
> 你自己给了人家创作的灵感……
> 比那被诗匠祈求的九位老缪斯，
> 你要强十倍，你做第十位缪斯吧。[1]

　　正如众人所知，这种美好的关系成效显著，使莎士比亚的诗作与剧作得以源源不断。环形的莎士比亚环球剧场（Globe Theatre）正如空心的 0 一般饱含深意，莎士比亚在那里用羽毛笔谱写着梦想，吸引着一代代观众。

---

[1] 《莎士比亚诗歌全编》，北方文艺出版社，莎士比亚著，屠岸译，2016。——译者注

"莎士比亚谦逊得令人难以想象，"19世纪的评论家威廉·黑兹利特（William Hazlitt）曾这样写道，"他觉得自己没什么特别的，正如其他所有普通人一样，或者说如其他所有普通人都想成为的人一样。"这个"没什么"的人，曾是当年学校里那个迷迷糊糊的男孩。在掌握数字0虚无之中的丰富含义后，莎士比亚不断寻求着突破，他一定会为评论家这样的表述而感到格外欣慰。

关于毕达哥拉斯，我们所知不多，只知道他其实不叫毕达哥拉斯。这个众所周知的名字可能只是追随者给他起的绰号。根据资料显示，"毕达哥拉斯"的意思是"像先知一样说真话的人"。毕达哥拉斯以在众人面前讲述数学和哲学思想著称，他是世界上最著名的数学家，也是最早的雄辩家。

不难想象，在毕达哥拉斯演讲的场合上，会发生怎样的传奇故事。据后世记载，毕达哥拉斯的演讲场场爆满。无论男女老少、富贵贫贱，无论是政治家、律师、医生、家庭主妇、诗人、农夫还是小孩，都从四面八方赶来，只为聆听这位传奇人物的演讲。晚到的人跑得脸红气喘，挤进听众席的后方。在等待演讲开始之际，人们开始分享八卦。有人轻声说，毕达哥拉斯的大腿骨是黄金打造的。另一个人说，毕达哥拉斯可以用声音驯服野熊。还有人说，毕达哥拉斯已达到了天人合一的境界，连河流都听过他的名字！

公元前 530 年左右，毕达哥拉斯已是个 40 来岁的翩翻美男子。他在意大利南部当时的希腊殖民地克罗顿（Croton）创办了自己的学校。在这距雅典数百公里远的边远地区，人们对这位初来者的思想予以了最高的敬意。当地居民愿意接纳新奇、刺激且"全新而宏大的观念"。这部分是因为，跟其他殖民地相比，新事物能给他们带来更高的威望，以及一些教育和经济上的优势。

　　根据各方说法，毕达哥拉斯远远超出了学生们的期望。对毕达哥拉斯来说，数学不过是一种生活方式。希腊哲学家普罗克洛（Proclus）曾如此评价毕达哥拉斯："把研读几何转化为博雅教育，从基础开始检视科学的原则，并以理性、非物质的方式来探索定理。"

AVB……

毕达哥拉斯善于教导人们，整个宇宙是由一些巨大而光辉的音阶所组成的，所有现有的事物都可以透过其形式而非本质予以分辨，并用数字和比例来进行描述。因此，毕达哥拉斯成了第一个不是通过传统（在当时的希腊，即宗教）或观察（经验数据），而是通过想象（对规律而非物质的重视）来理解世界的人。

　　毕达哥拉斯具有明星特质，这毋庸置疑。演讲时，他既不早到，也不迟到，出现的时间总是刚刚好。在他尚未露面时，人们便早已洗耳恭听。他不疾不徐，每个人都觉得毕达哥拉斯是在和自己单独说话。人们能理解毕达哥拉斯说的每一个字，毫无遗漏。"是的，"人们会想，"他说的没错，就像他说的那样，不可能是别的。"当然，这确定的瞬间和抓到真理的刹那，人们产生的只是幻觉。虽然人们有许多想法，但当他们顺着演讲者的思路往下时，其他思索、观察世界的方式都会被他们遗忘。一个又一个缜密的逻辑让听众从原有的认知中脱离开来，去到一个崭新且让人意想不到的世界。这就是毕达哥拉斯的魔力。

×

　　修辞学，一种说话的艺术，使得毕达哥拉斯的文字和意念既有外表，也有内涵。而它也标识着数学思维的真正开端。美国密苏里州圣路易斯市华盛顿大学的史蒂文·克兰兹（Steven G. Krantz）说："（数学的）'证明'是一种修辞手段，能够用来说服他人数学的陈述为真。"美国另外两位著名学者，菲利普·戴维斯（Philip J. Davis）和鲁本·赫什（Reuben Hersh）也支持这种观点："现实生活中的数学是一种社会互动形式，其中'证明'是正式与非正式的组合，是慎重考虑和随性评论的综合体，是对想象与直觉的论述和渴求。"

　　古希腊人对辩论有着极大的热情，好争论的公民和熙攘的集会，构成了这类社会互动的理想环境，也因此促进了修辞学和数学的发展。**事实上，没有精炼后的修辞学，就没有逻辑学，数学也就不可能成为西方文明的基石之一。**在努力发展这类文化和知识之前，古希腊人曾无数次通过辩论和对证据的评估，来实践说服之术。正是在公开审判的法庭里，我们法律系统的基石才得以打磨完善。

　　在古雅典，法院判案是家常便饭。每天都有成百甚至上千位公民挤到法庭上去聆听两方发言。只要他们在 30 岁以上、性别为男性，就可以组成匿名陪审团。由于陪审团的人数都得是奇数，因此不会有无法裁决的情况发生。每次裁决得到的都是最终结果，因此不能上诉。

　　在长达数小时的攻防辩论中，原告和被告是台上的主角。原告会先陈述，之后被告会反驳他的论点。两个人都试图通过严整、优美且精准的言辞来说服陪审团。对于天生不善言辞或缺乏自信的人来说，可以花钱请人来写演说稿，因此当时专业的演说稿写手非常抢手。每个人都想学习公开演说的艺术，因为这已变成了社会威望的象征。每个希腊人都知道，发言的论证严谨与否能决定自由或监禁，甚至是生或死。

我们不妨想象这样一场审判。被告被控为了 100 枚金币，而杀死了原告的儿子。在法庭上，原告，即这位悲痛的父亲会如何陈述？或许他会先举一个在场所有人都知道的案例，即之前有个人为了 10 枚金币而杀了人。如果有人会为了 10 枚金币而冒险杀人，那么他也一定会为了 100 枚金币而杀人。这名父亲建立杀人动机的论证符合基本的数学逻辑：如果 $x$ 为真，那么 $x^2$ 亦然。

雄辩家安提丰（Antiphon）曾记载过一个在古希腊法庭上发生的有关雄辩的真实案例：一个男人冷血地杀害了受害者和受害者的奴隶。原告预期被告会以"是其他人干的"来为自己辩护，因此原告系统地研究了每个可能的情况，然后用被数学家称为"穷举法"的论证方式，对这些潜在的辩护理由一一加以驳斥：

> 窃贼不可能杀了受害者，因为受害者被发现时，还穿着贵重的斗篷，甘冒极大生命风险犯案的人，不会在对财物唾手可得的情况下放弃利益；杀受害者的不可能是醉鬼，因为这样"凶手"会被一起喝酒的伙伴给指认出来；两位受害者的死也不可能是因为争执，因为他们并未在当晚吵架，而且他们当时也并不是在荒无人烟的地方；嫌疑人也不是在预谋伤害他人时，误杀了受害者，否则死的就不会是主仆二人。鉴于本案中所有非蓄意伤人的疑点都已被消除，从死亡本身的情况来看，受害者是被蓄意谋杀的。

对于被告可能的辩词，即"死者可能是因为盗贼、醉鬼、争执、意外而死"，原告都精确地进行了驳斥。但原告做的不只如此，他的每一项驳斥中都包含有具体细微的证明过程。例如，要论证不可能是盗贼犯下的罪行时，原告的论述会以如下架构展开：

被告宣称是盗贼杀了受害者。

但通常盗贼会偷走受害者的斗篷。

因此，杀死本案受害者的不是盗贼。

我们也可以在欧几里得的《几何原本》中找到同样的架构：

CA 和 CB 都等于 AB。

等于同一样东西的事物，也同样相等。

因此，CA 等于 CB。

《几何原本》成书于公元前 3 世纪，我们很难忽视这本书在思想史上的重要地位，也难以忽视它对修辞学和逻辑学繁荣发展所做的贡献。毕达哥拉斯时代最老版本的《几何原本》，第 9 卷第 21 号命题就展示了法庭的思辨精神，这种精神贯穿全书：

如果我们将任意偶数相加，那么它们的总数也是偶数……由于相加的每一个数……都是偶数，都可以被一分为二，因此相加后的总数也可以被一分为二。由于偶数是可以被分割为两个相同数字的数，因此，相加后的数也是偶数。

我们可以将这论证摘要如下：

**命题：**任何数量的偶数相加之后，都会得到一个偶数。

**说明：**因为偶数都可以被 2 整除，因此偶数的和也可以被 2 整除。

**公理：**偶数是可以被一分为二的数。

**结论：**因此，将任意数量的偶数相加之后，都会得到偶数。

这也与古希腊法庭上的无数论证方式相呼应：

命题：被告偷了我的牛。

说明：被告在牵走我的牛之前，并没有通知我。我的牛是在未经我允许的情况下被牵走的。

公理：在未经拥有者同意的情况下，拿走他的任何财产，都属于偷窃。

结论：因此，我的牛是被偷走的。

$$\times$$

A→B 公理是众所周知且不证自明的陈述，凭借公理，古希腊的原告可以系统地建构案件，古希腊的数学家也可以轻松建构定理。希腊人把自己拉离尺规、神明或传统，投向逻辑推理的怀抱。

何谓坏事？何谓谋杀？何谓窃盗？古希腊人开始追问这些问题，他们将"罪行"与"灾祸"或"判断错误"区分开来。所谓的公理，是精简、基本且无疑义的。公理后来也为雅典人所吸收，正如亚里士多德所说：

通常一个人会承认一项行为，但不会认同原告对这行为贴上的标签……一个人承认他拿了一样东西，但不会承认自己"偷了"这东西；他会承认自己先动手打的人，但不会承认自己犯下了"暴行"；他会承认与女子发生了关系，但不会承认自己犯了"通奸"罪。一个人偷了东西犯了"盗窃"罪，但没有犯"亵渎"罪，因为被偷的不是圣物；一个人会被控"侵占土地"，但不一定是"侵占国有土地"；一个人一直在与敌人通信，但这并不代表严重到要判"叛国"罪的程度……如果要让案情明朗，让正义得以伸张，我们就必须分辨什么是盗窃、什么是暴行、什么是通奸，以及什么不是……

同样，欧几里得定义了"点""线""正方形""单位""数字"等概念，就好像回答了之前从来没有人想过要问的问题。什么是点？什么是线？对于古埃及亚历山大港（Alexandria）的图书抄写员，或是对于咸阳城里的逻辑学家来说，这些问题虽令人困惑，但都没有意义。要回答这些问题，他们可能只会用笔在纸上点个点，或是画出一条线。

欧几里得的书不但提出了这些问题，而且还为后世的数学家制定了时至今日仍在使用的公理。什么是点？点没有任何面积。什么是线？线是没有宽度但有长度的一段。什么是正方形？平面上四边等长且两两互为直角的四边形。什么是单位？单位是可以被称为"一个"的基本单元。什么是数字？数字是由单位组成的集合体……以这些公理为基础，数学家可以使他们"每个定理的合理性变得更清晰"。

《几何原本》产生的影响不仅如此。在19世纪中叶，也就是在欧几里得时代的两千多年后，美国伊利诺伊州有一名巡回律师，他不管到哪儿，都带着一本《几何原本》。这名律师叫亚伯拉罕·林肯。

《几何原本》的内容和命题给了林肯极深的印象，后来，他也将这些内容带入了政界。1859年，林肯在俄亥俄州发表了一场辩论演说，对手是支持奴隶制的道格拉斯法官。林肯宣称："建立命题的方式有两种。一种是试图通过理性来呈现，一种是通过展示古圣贤的想法，使其为当权者所采纳。现在，道格拉斯法官想要传达的人民意愿，即某人有蓄奴的权力，而对方没有反对的权力，旁人也无从置喙。如果他能像欧几里得证明命题那样来证明这点，那我没有异议。但是当他站出来，试图把这项主张提交给完全否定这主张的当局以求通过时，我认为他无权这么做。"

　　定义和公理塑造了林肯总统最有名的演说。他雄辩、说服、演绎和逻辑的力量都经受住了最严酷的考验。当时整个国家正处于危机中，内战一触即发。林肯总统对整个国家进行演说，以捍卫美利坚合众国的联邦体系。

　　　　我相信在普通法和宪法中，由各州构成的联邦是永恒存在的。即使所有国家政府的基本法中并没有明确指出这种永恒性，但它们也暗含着这一点。我们可以断定，没有一个合法政府在其基本法中会规定自身终结的时间。我们会持续执行国家宪法中明文规定的条款，联邦将永恒存续下去。除非出现了超越宪法本身的行为，否则联邦不会终结。

　　**命题：** 各州构成的联邦是永恒存在的。

　　**说明：** 所有国家政府的基本法中都暗含着永恒性。

　　**公理：** 没有任何政府会在法律上规定自身终结的时间。

　　**结论：** 持续执行宪法，联邦将永恒存续下去。

　　林肯执政的 4 年间，大约有 75 万人死于残酷的战斗，整个国家几乎四分五裂，但他的命题最终得到了证明。

　　林肯在同一场演讲中也提道："我们不是敌人，而是朋友。"也许他想到了毕达哥拉斯的一句格言："友谊是一种和谐的平等。"

古抒情诗人品达（Pindar）在他的第二首《奥林匹亚颂歌》（*Olympian Odes*）里写道："沙粒无法计数。"他所表达的概念在后来的希腊人中广为流传，所以希腊人都会用"沙百"（sand hundred）来指代大到难以想象的数字。

在品达之后近两个世纪，品达对沙粒的描述都保持着无可辩驳的地位，作为一句诗歌，这当然是件好事。然而到了公元前 3 世纪，数学家阿基米德却对这句话提出了有力的反驳，这番反驳正可谓是阿基米德最杰出的成就之一。

阿基米德曾向国王献上他的学术著作，在这部著作里，阿基米德提出了前所未有的大胆论点。

"国王陛下，有些人相信沙粒的数目是无限的。我所说的不仅仅是锡拉库萨或是西西里其余土地上的沙粒，还包括世上所有有人居住抑或是无人居住的土地上的沙粒。有些人认为沙粒的数量或许不是无限的，但由于其具体数量确实过于

庞大，以至于无法计数……因此，我将运用几何证明法向您阐明，我
们命名的有些数字，其计数范围要远远大于世上沙粒的总和。"

阿基米德计算出的地球、月球和太阳的尺寸都非常大。例如，他所算出的地球周长是前代天文学家算出的 10 倍不止。同样，阿基米德在计算沙粒数量时也保留了极大的误差空间。他假设，一万粒沙加起来和一粒罂粟籽一样大，然后他十分耐心地将罂粟籽首尾相连排列在一柄直尺上。通过这种办法，阿基米德认为 1 英寸（约 2.54 厘米）为 25 粒罂粟籽的长度。随后他又将这个数字进行了更改，称 1 英寸为 40 粒罂粟籽的长度，这样才能"无可争议地论证之前的假设"。通过这种方式，阿基米德算出 1 平方英寸（约 6.45 平方厘米）最多能放 1600 万粒沙（$10000 \times 40 \times 40$）。

阿基米德认为宇宙是球形的。他通过计算地球绕太阳公转轨道的直径估算出了宇宙的直径。根据他的计算，宇宙的直径不超过 $10^{14}$ "斯塔德"（stadia）[1]（约 2 光年）。所以，$10^{63}$ 粒沙足以填满整个宇宙。

后来，阿基米德声称希腊计数单位"米瑞德"（myriad，$10^4$）足以计量世间数目最大的事物。他指出，"米瑞德倍米瑞德"能够计量高达一亿的数额。在阿基米德的时代，这是已被命名的最大数。但阿基米德仍在努力，他认为如果能够数到"米瑞德"，那么同样也能数到"米瑞德倍米瑞德"，所以如果用"米瑞德倍米瑞德"与它自身数量相乘，就能得到"米瑞德倍米瑞德倍米瑞德倍米瑞德"，也就是 $10^{16}$。如果把这个新的数字也当作计量单位的话，那么如同"米瑞德"或"米瑞德倍米瑞德"一样，这个"米瑞德倍米瑞德倍米瑞德倍米瑞德"也

---

[1] "斯塔德"为古希腊长度单位，相当于 607～738 英尺（约 185～225 米）。——译者注

可以与它自身相乘，得到"米瑞德倍米瑞德倍米瑞德倍米瑞德倍米瑞德倍米瑞德倍米瑞德倍米瑞德"，也就是 $10^{32}$。

现在我们已用"米瑞德"与它自身相乘了 8 次。阿基米德接下来的步骤则尽显逻辑的淳朴之美：用"米瑞德倍米瑞德"与它自身相乘，然后相乘"米瑞德倍米瑞德"次，最后所得结果中，1 后面跟有 $8 \times 10^8$ 个零。

阿基米德继续沿用这一逻辑，将这个新数字与它自身相乘，然后相乘"米瑞德倍米瑞德"次，最后所得结果中，1 后面跟有 $8 \times 10^{16}$ 个零。

阿基米德态度谦虚但信心十足地公布了他的研究。

"国王陛下，对于从未接触过数学的大多数人来说，这些理论确实很难让人理解。但只要实证充分，对于对数学有所接触，并且对地球与太阳、月亮及整个宇宙的距离以及各自大小有过深入思考的人来说，这些理论都是可以理解的。所以，我认为您也一定能够轻松理解这些理论。"

印度的一些典籍里也有关于沙粒与无限极之间的比较，其中大部分内容在阿基米德时代都已有所记载。在《普曜经》（Lalitavistara）中，我曾读过少年悉达多与伟大的数学家阿朱那（Arjuna）会面的故事。阿朱那让悉达多算出一"俱胝"（koti，相当于 1000 万）的 100 倍。悉达多毫不犹豫地回答说，100"俱胝"等于一"阿育塔"（ayuta，相当于 10 亿）。若继续将这个数字乘以 100，再乘以 100，直到连续相乘 23 次之后，就能得到一"塔拉克沙那"（tallaksana，$10^{53}$）。

　　不论悉达多用的是 100 还是其他数字，他都一直不停地将这个数字与一"俱胝"相乘。这个故事中有个地方不得不让人想起阿基米德。悉达多称，用这个新得到的数字，数学家能够将恒河里的所有沙粒"作为计数对象数出它们的数量"。悉达多一直不停地将这个数字与一"俱胝"相乘，直到得到数字"萨凡尼塞帕"（sarvaniksepa），悉达多告诉数学家，这个数字足以数尽 10 条恒河里的沙粒。如果这还不够的话，悉达多说道，可以继续之前的乘法，直至得到"阿拉撒拉"（agrasara），这个数字比 10 亿条恒河里的沙粒数量还要大。

　　据说，这个极为巨大的数，代表了极致的纯粹和智慧。根据史料记载，只有修行到极致才能够数到如此大的数。在故事结尾，数学家阿朱那如此承认道：

> 吾无此极致智慧，其在吾之上。
> 其有大智慧于数，定无人可及。

　　悉达多本名为乔达摩·悉达多（Gautama Siddhartha），其天资过人的故事，早在他还在宫廷时便广为流传。传言，尼泊尔国王自悉达多出世起便决定将其与世隔绝。把悉达多自小禁锢于金碧辉煌的宫廷中，就能使其永远免受苦难、衰老、贫穷和死亡的折磨。我们能够想象悉达多受限的皇室生活：锦衣玉食、文学武功、歌舞升平。他耳朵上挂的珠宝沉重到令他的耳垂下垂。但显然悉达多的生活并没有什么自由可言：目之所及只有宫墙和穹顶，珠翠叮当和丝竹乐音取代了鸟鸣，美味珍馐的甜腻盖过了雨后自然的清新。

　　30 年飞逝而过，悉达多也早已成家，还有了自己的儿子，他逐渐听说了宫墙之外的种种，因此决定亲自去看看。悉达多探访乡间村落，随行的只有一名车夫。悉达多第一次看到有人因病痛、年老和贫穷而孱弱不堪，他甚至还看到了一具尸体。这些景象让他大为震惊。于是，悉达多结束了自己的富贵生活，开始了苦修的生涯。

王子在皇宫与世隔离地生活，尽管这听起来就像神话故事般不可思议，但也有其独特而发人深省的魅力。从悉达多对宫外世界的反应来看，很可能他在生命的前 30 年对算学是一无所知的。

看到街上如织的行人，他会怎样想呢？在那天之前，他可能都不相信世上竟有这么多人。而天空中飞过的群鸟，目之所及的山峦树木、如茵绿草，对他而言又将是怎样一番奇景。悉达多第一次意识到，他的生命离大千世界竟如此之近。

后来，悉达多的追随者将悉达多的开悟与他广博的数学知识联系在一起。也许就如同悉达多乘车出游所见的万事万物会令他感到惊奇一样，大千世界也让悉达多领悟到了多样性的魅力，正是这段经历让他走上了追寻涅槃的道路。

$$\times$$

这让我想起了另一个故事。这个故事的主角不是王侯贵族，而是一位数学家。同悉达多的父王不同，这个人喜欢研究大数，也喜欢同自己 9 岁的侄子讨论这些数字。那是 20 世纪中叶的某一天，美国数学家爱德华·卡斯纳（Edward Kasner）让侄子给一个有 100 个零的数字命名。"古戈尔（googol）[1]。"这个小男孩想了一会儿答道。

卡斯纳在他的《数学与想象力》（*Mathematics and the Imagination*）一书中，

---

[1]1997 年，拉里·佩奇（Larry Page）和谢尔盖·布林（Sergey Brin）这两名年轻人便将他们的公司命名为"Googol"，之后因投资人拼写错误，该公司名称变成了今日的"Google"。——译者注

并未解释"古戈尔"的来源，也许这个词只是小男孩凭空想象出来的。根据语言学家的解释，讲英语的人通常会将以 g 开头的词汇与"广大"等概念联系在一起，因为以 g 开头的很多词都确有其意，如 great（伟大的）、grand（宏伟的）、gross（总的）、gargantuan（巨大的）、grow（增大）或是 gain（增多）等等。此外，无论是"oo"的发音还是字母 l 的结尾，都会令人产生模糊和持续的感觉。这两点可以分别体现在英语单词 put（放）和 pull（拉）中。put 的结尾为字母 t，体现出行为动作的完成；不过当人们需要 pull（拉）东西的时候，通常还是需要多一些时间的。

在这个充满数字的世界中，没有哪个现存的实体正好和"古戈尔"数量相等。"古戈尔"的数量级远远超过全世界的沙粒总数。即使我们把世上已出版的书中的每个词的每个字母相加，其总数也离"古戈尔"很遥远。在我们所知的宇宙空间里，所有基本粒子的总数离"古戈尔"也还差 $10^{20}$。

小男孩肯定不可能数遍每一粒沙，或是读尽每一本书，但和阿基米德或是悉达多一样，他明白宇宙不足以包含所有的数量。**他知道，通过数字，他可以想象所有以往的、现有的甚至未来的，以及空想、幻想甚至梦想中的全部事物。**

小男孩的数学家叔叔很欣赏侄子创造的词。于是卡斯纳鼓励侄子说出更大的数字，小男孩皱着眉头陷入深思。于是第二个词诞生了，它是第一个词的变体，叫作"古戈尔派勒斯（googolplex）"。这个词的英语后缀 –plex 对应英语中表倍数的后缀 –fold，如 tenfold（10 倍的）、hundredfold（100 倍的）。小男孩将这个词定义为"包含让人手写到断为止的所有零"。但他的叔叔对此表示不太同意。卡斯纳认为，写字的耐力因人而异。最后，他们商定"古戈尔派勒斯"的定义为：一个 1 后面跟有"古戈尔"数量的零的数字。

让我们先停下来思考一下这个数字的大小。这个数字可不是"古戈尔倍的古戈尔","古戈尔倍的古戈尔"只是 1 后面跟有 200 个 0 而已。"古戈尔派勒斯"后面却跟有远大于一千、一"米瑞德"甚至 $8 \times 10^{16}$ 的零，它大到甚至连勤奋固执的阿基米德都数不到这个数。这个数字的零多到我们可能永远都写不完。

"古戈尔派勒斯"这个数字之大，以至于它几乎能够包含所有的可能性。物理学家理查德·克兰多尔（Richard Crandall）做了一个比喻，一瓶啤酒因为基本的量子波动而自己翻倒的可能性，比"古戈尔派勒斯"分之一都要大得多。英国数学家约翰·利特伍德（John Littlewood）给出了更进一步的说明，他让我们想象一只身处外太空的老鼠，其身处的环境突然发生随机变动，使得老鼠能够在太阳表面生存整整一星期，利特伍德认为，这种可能性大约能够符合"古戈尔派勒斯"分之一。

当然"古戈尔派勒斯"也还不是无穷之数。我们也许也能像小男孩那样，为这个数字加上 1。现代电子计算机不会受到没完没了的零的影响，因此能够计算出"古戈尔派勒斯"+1 的答案，这个答案并不是质数，其最小一个因数为 3169-12650057057350374175801344000001。

数学家卡斯纳是如何看待小男孩想象出的最大数字"古戈尔派勒斯"的呢？卡斯纳并没有给出解释，但他也许告诉了侄子，世上还有很多比"古戈尔派勒斯"还要大的数值。比如"古戈尔阶乘"，这是一个将 1 和"古戈尔"之间的所有整数相乘所得的数字（$1 \times 2 \times 3 \times \cdots \cdots 950345 \times \cdots \cdots$ 1000000000000008761 $\times \cdots \cdots$古戈尔）。这个数字如果用电脑来算的话，其开头为 16294$\cdots \cdots$。这个数字之大，足以超过我们在这篇文章中提到的其他所有数字。

10000⋯⋯⋯

在宇宙这个十分有限的空间里，这些巨大无比的数字似乎没什么用武之处。有时它们甚至会显得有些过于冗长、不成比例。这些略微夸张的数字就像个笑话，谁知道它们是不是有意想引起人们的注意。

一些典籍使用"劫"来指代一段极长的时间，一劫过后宇宙毁灭并重新开始。在增劫之中，人的寿命最多能高达八万四千岁。而根据《心经》记载，在其他境界，寿命可为八万四千劫，也就是八万四千个历元，每一个历元都漫长无比，后面跟着无穷个零。与这样的寿命相比，"古戈尔"或是"古戈尔阶乘"的数值听起来真是既真实又简便。

数学家也许很渴望这种超然物外的境界。**那些超出我们理解范围的大数，虽丰富了数学家的工作，但也带来了悖论。**比如，10 和 27，如果让它们分别与自身相乘"古戈尔派勒斯"那么多次，得出的结果哪个更大？显然是后者更大，但即使是能够显示 100 个数位的计算器，也很难算出它俩的差别。这使我们大失所望，因为我们本能地认为即便无法得知数字的精确数值，数字排序也应该是直截了当的。但其实，有的数字确实大到我们分不清它们本身与它们的 2 倍、3 倍、4 倍或其他任意倍数之间的区别。有些数量级巨大无比，远超我们语言所能形容的范围，也远超我们的计数体系。

×

和大数有关的最有名的悖论同样来自古希腊。传说故事的主人公是哲学家欧布里德 (Eubulides)。据说欧布里德的灵感源自他的同伴、怀疑论者芝诺 (Zeno)。芝诺认为每一粒麦粒落下的声音都和一蒲式耳（35.238 升）的麦粒落下的声音成比例。不过欧布里德的论述里没有提到麦粒，和一个世纪后的阿基米德一样，欧布里德是通过沙粒来论证的。

其逻辑大致是这样的：我们都知道一粒沙不算什么，那么再加上一粒也不算多，即使再加上一粒也远达不到构成一堆的程度。所以由此推知，在小数字上加1只能让一个小数字变成另一个小数字。如果是这样的话，一亿也可以被视作小数字，"古戈尔派勒斯"也一样。

对这项推导持谨慎态度的读者，也许会提出那些能称得上是大数字的，比如一堆沙，肯定是越过了一个临界点，比如10000。但这个说法并不足以解释以上关于小数字的悖论。因为人们没法说明为什么9999被认定为小数字，9999加1就成了大数。

当然，至少总体来说所有数字都可以被说成是小数字。如果将任何数字用 $n$ 表示，那么比它小的数字就只有 $n-1$ 个而已，但比它大的数字却有无数个。

罗马诗人贺拉斯（Horace）是奥古斯都时代最著名的抒情诗人，他曾在诗中提及被人遗忘的数学家阿契塔（Archytas），并叙述了一个最为有名的悖论：寿命有限的人类穷尽一生都在试图衡量无穷。

> 你欲丈量海洋大地和无尽沙粒，
> 阿契塔啊，如今却被困于
> 马蒂尼海岸的寸土一方，若是如此
> 你丈量天空、测算仙宫穹顶
> 又有何意义——毕竟你肉体凡胎，终有一死？

# 09 独一无二的雪花

户外除了冷，还是冷。气温大概是零下 10℃。我把外套拉链拉到下巴，穿上厚重的橡胶靴，走出户外。闪闪发光的街道上空无一人，灰羊毛色的云层压得很低。在围巾、手套和保暖内衣的包裹下，我能感觉到自己的脉搏跳动得极快，但我不在乎。我聆听着自己的呼吸，等待着。

不到一周前，道路上还看得出黑色的轮胎痕迹，树木的枯枝还光溜溜地指着蓝天。现在，我所在的加拿大首府渥太华已是一番银装素裹的景象。我朋友的房子被埋在雪里，寒风瑟瑟，吹袭着整个小镇。

雪花飞落，这让我发抖，也让我不禁赞叹：雪花真漂亮！这些又黏又亮的碎片是多么美丽！雪何时会停？一小时？一天？一周？一个月？很难说。没人能猜得透雪。

邻居告诉我，他们似乎已经有好几十年都没见过这么大的雪了。邻居们手握铲子，从车库清理出一条道，直通外边的马路。上了年纪的人们开始还假装做出一副既冷淡又烦恼的表情，但很快他们的表情就恢复了正常，在他们那被寒风吹裂的唇边，渐渐浮现出了浅浅的微笑。

×

不用说，穿越积雪的树林去商店买东西，是件极其累人的事情。腿上的每条肌肉一下放松一下又紧绷，每一步都要花上极长的时间。回到住处后，朋友请我帮忙清理屋顶。我摇摇晃晃地爬上靠在墙边的梯子，上屋顶帮忙。奇怪的是，明知明天早上屋顶又将铺满闪闪发亮的白雪，但这种徒劳感却带给了我一种莫名的愉悦。

我穿了一层又一层，像颗洋葱一样，稍稍一活动就汗流浃背。我满身是汗地进了屋，湿袜子像膏药一样粘在我的脚上，我赶忙脱下。暖气则使我的皮肤感到刺痛。于是我洗了衣服，换上了新的。

后来我与朋友围坐在桌边，一边享用烛光晚餐，一边回忆令彼此印象深刻的冬日往事。我们谈论雪橇和滑雪板，还有激烈的雪仗。我想起童年在伦敦的故事，那是我第一次听到雪花飘落的声音。

"听起来是什么样子？"朋友问。

"听起来像是有人在慢慢地摩擦双手。"

大家原本还在凝神倾听，神情也都无比严肃，听到这儿他们突然笑着说："没错，我们也听过这声音。"

这其中有个男人笑得最大声。他灰白的八字胡须不断上下跳动着。他不是常客，我也没听清楚他叫什么名字，只依稀记得他是某方面的科学家。

科学家问："大家知道为什么雪看起来是白色的吗？"我们摇摇头。

"这完全取决于雪花的侧边是如何反射光线的，"他解释道，"从雪花里散射出来的光线均匀地涵盖了光谱中的所有颜色，由于各种颜色的比例相同，我们最后看到的是白色。"

朋友的妻子本来在为大家盛汤，听到这儿停下了动作，问道："有没有可能各种颜色会以不同的比例散射出来？"

科学家说："如果雪很厚的话，有可能。在这种情况下，反射到我们眼睛的光线，会被轻染上一抹蓝色。"他继续说："有时雪花的结构会像钻石一样。进入这种雪花的光线会因混乱的反射和折射，而呈现出彩虹般五颜六色的光芒。"

朋友 10 多岁的女儿问道："每片雪花都不一样，是真的吗？"

"是真的，"科学家说，"想象一下雪花的复杂性（他特别强调了'复杂性'这几个字）。每片雪花都是一个基本的六边形结构，但当它们在空气中螺旋下降时，温度、湿度的微小差异一定会让每个六边形都具备独一无二的样式。"

就像数学家会根据每个实数的属性，将其归类为质数、斐波那契数、三角形数、平方数等等，气象学家也会根据雪花的大小、形状和对称方式将其分门别类。研究发现，雪花六边形的形成和变化方式有十多种，甚至几十种，确切数字与分类方式有关。

举例来说，有些雪花是扁平的，但有着宽阔的延伸臂，酷似星形，因此气象学家将这种雪花称为"星盘状雪花"（stellar plates）；和星盘类似但有冰脊的，被称为"扇盘状雪花"（sectored plates）；常用来装饰圣诞树的树枝状雪花，则被称为"树枝星状雪花"（stellar dendrites）；这种树枝状的雪花不停长出分枝，最后形成类似蕨类的形状，这种雪花被称为"星形蕨草状雪花"（fernlike stellar dendrites）。

有的雪花不薄但长，不平但细，它们如飘落的冰丝，看起来就像是老祖母的一缕白发，这种被称为"针状雪花"（needles）；有的雪花看起来就像是连体双胞胎，不是六边形而是十二边形；还有的看起来像子弹，准确地说像是"单一的子弹"、"加盖的子弹"以及"有着玫瑰花纹的子弹"。雪花还有其他的形状，如"杯状""鞘状""箭头状"等等。

我们安静地听着科学家的解释。我们的全神贯注让他心里十分舒坦，他说话时，还不断用洁白的双手在空中画着每种雪花的形状。

**除了雪花在科学上的复杂性，每种文化对于它的图案、形状和特性也都有着不同的认知和理解。**我就曾读到过，古代中国人将雪称作"花"，斯基泰人（Scythians）则将雪比作羽毛。在《旧约·诗篇》里，雪是"白色羊毛"；而在非洲一些地方，雪则被喻为棉花。罗马人将雪称为"nix"，17世纪的数学家和天文学家约翰内斯·开普勒（Johannes Kepler）指出，这个词在他使用的低地德语中意为"虚无"。

开普勒是第一个描述雪的科学家。雪花既不像花，也不像羊毛或羽毛，开普勒认为，它是复杂性的产物。常规的雪花是六边形的，原因"并不在于雪的材质，因为水汽是无形的"。开普勒提出了更动态的结合过程：冻结的水"形成小球"，并以最有效率的方式结合在一起。科普作家菲利普·鲍尔（Philip Ball）说："在这方面，开普勒得感激英国数学家托马斯·哈里奥特（Thomas Harriot）。哈里奥特在 1584 年到 1585 年间曾跟随沃尔特·雷利（Walter Raleigh）到美洲大陆去探险。"哈里奥特建议雷利考虑"在船的甲板上，以最有效率的方式堆叠大炮炮弹"，这也促使哈里奥特"将紧密堆积球面物体的方式理论化"。开普勒推测，六边形的排列是"最紧密的可能，除此之外，其他任何方式都不能在同个容器中，塞进更多小球"，但这猜想直到 1998 年才得以证实。

$$\times$$

那天晚上，雪甚至飘进了我的梦里。温暖的床铺并没能阻止我梦到儿时经历的寒冷。我梦到很久以前的一个冬天，我在老家的花园里，天刚下起了粉末状的雪，我的弟弟妹妹们兴奋地怪叫着跑到屋外，就好像这雪是糖一样。我犹豫着没加入他们，我宁愿通过卧室的窗户安静地看他们玩耍。过了一阵子，等他们玩累后进了屋，我才一个人出去探险。我把雪堆在一起。因纽特人把雪称为"igluksaq"，意思是"建房用的材料"，我也想用雪把自己围起来，盖间屋子。嘎吱嘎吱响的雪在我周围堆积，四面的墙越来越高，最终把我完全盖住了。我的脸和手都沾满了雪。我深深地躺在雪里，既觉得哀伤，又觉得安全。

"动作快点！"朋友用法语催促我，"我们都准备好了，就等你了！"我有着英国人的慢性子，而且不习惯这么冷的气候，总感觉浑身懒洋洋的。这种凝窒、难以突破的感觉，就像在水里一样。我现在才发现，这些年我所体验过的小雪，不过是对儿时经历过的雪的苍白模仿。伦敦的雪落地即融，变成黑黑的雪泥，弄混了我的记忆。而在加拿大，雪是耀眼夺目的白色，那闪耀的表面把我带回了年少时光，也让我不禁感慨岁月的沧桑。

穿上毛衣后，我在腰间套了件保暖用的束腹，然后裹上了及膝的外套。我在脖子上围了条围巾，把耳朵藏在毛茸茸的耳罩下。戴上连指手套后，我笨拙地绑上了靴子的鞋带。

幸运的是，加拿大人并不畏惧冬天。在加拿大，雪情被监控得很好。伦敦人或巴黎人会因为雪而感到恐慌，但加拿大人不会。囤积牛奶、面包和罐头这种行为，在加拿大闻所未闻。因下雪而塞车、取消会面或停电的情况在这里也非常少见。楼下等着我的朋友们，个个衣着整齐、笑容满面。他们知道马路上会撒上盐以避免积雪，邮件和包裹会准时送到，商店和学校也都会照常运作。

在渥太华的学校里，孩子们会用白纸裁剪出雪花。他们把纸折成长方形，然后折成正方形，最后折成直角三角形。接着，他们用剪刀修剪三个边。每个孩子都有自己的折纸和剪裁方式。把纸摊开后，各种雪花就出现了。有多少个孩子，就有多少种雪花，但这些雪花有一个共同点：它们都是对称结构。

教室里的纸雪花种类，远不及窗外落下的雪花种类多。不同于大自然的雪那千奇百怪、不甚完美的造型，孩子们剪出的雪花都是理想的样子。纸雪花是我们闭上眼后，想象中雪花的形状：整齐划一的六边形。想象雪花，就和想象星星、蜂巢和花朵一样，我们用数学的纯粹去想象雪花的样子。

威斯康星大学的数学家戴维·格里夫耶斯（David Griffeath）改良了孩子的雪花游戏，但这次不是用纸，而是用电脑来模拟雪花。格里夫耶斯和同事杨科·格拉夫纳（Janko Gravner）都专精于研究"随机动态模拟的复杂交互系统"。两人在 2008 年建立了一组计算机演算法，模拟雪花形成的多项物理学原理。演算速度非常缓慢，过程也很艰辛，往往要花上一整天进行数十万次的运算，才能产出一片雪花。若要让这一模拟过程尽可能逼真，则需要不断修正并重设参数。最终结果是令人惊艳的。两位数学家的电脑上闪耀着 3D 的雪花世界，除了精致细腻的树枝星状雪花、条枝权雪花、针状雪花、棱柱状雪花等各种已知的雪花形状，还有人们从没见过的蝴蝶状雪花。

✕

朋友们带我徒步穿越附近的森林。雪花时落时歇，头上的天空慢慢露出一片片蓝色。阳光打在小丘的皑皑白雪上，我们缓慢、有节奏地前进着。雪有点厚，雪下方的地面凹凸不平，靴底不断传来嘎吱声。

**下雪的时候，人们总会不经意地开始观察周围的事物**。街灯、门廊、树墩、电话线，此刻都会给人新的感受。**我们会注意到它们是什么，而不仅仅是代表了什么**。这些事物的曲线、角度、数量等吸引了我们的目光。走进树林的人会停下来，凝视树枝、篱笆或岔路的几何形状。人们不可置信地摇摇头，安静地欣赏着。

此时有朋友提到赫尔河（Hull）结冰了。我问朋友："我们去看看吗？"我通过这问题来掩盖自己的兴奋。因为只要有冰，就会有人在那儿滑冰、跳舞。有溜冰的人，就会有无忧无虑的笑声，还有卖热食与温酒的小贩。于是我们去了。

结冰的河上非常热闹。穿着大衣的人们踮着脚旋转，浑身湿透的狗互相追逐，小贩摊前人们排队等候，空气中满是肉桂的味道。人们都在谈论雪，雪是最好的开场白。聊天时，没人是站着不动的。大家把重心在两腿之间移来移去，踩踩脚、搓搓鼻子，还用夸张的方式眨眨眼睛。

　　雪越下越大，在空中翻腾，飒飒作响。每个人都被纷飞的雪花镇住了。人声乍歇，无人移动。

99999

　　没有人会对这场雪无动于衷。新的世界出现又消失，只把足迹留在我们的想象里。雪来到世界，于是便有了雪街灯、雪树、雪车还有雪人。没有雪的世界会是什么样子？我无法想象。没有雪的世界就像没有数字的世界。每片雪花就和每个数字一样独特，告诉我们这世界是有多么丰富多彩。也许这就是我们对雪永不厌倦的原因。

# 10

## 看不见的城市

"我希望我们都能化作草木岩石，这样我们就能像漫步于花园中一样，漫步于自己的心灵世界。"

**尼采的名言暗含了城市设计的初衷：为人类创造用于思考的空间。**尼采认为，奢华的教堂会禁锢自由的思想，城市应该广阔无边，真正意义上的广阔无边。

我每次去纽约都会想起尼采的这句话。纽约是一个高楼大厦高耸入云的城市，摩天大楼将纤长的影子投射在黄色出租车和热狗摊上。这座城市有 800 万人口，其中不乏世上最具创意的人。讲不同语言的人从世界各地汇聚到这里，究竟是为了什么？很有可能，他们是来这里思考的。

但"纽约客"同我们一样，不太注意周遭的环境，也感受不到城市是如何启发他们思考的。当然也有一些例外，我指的不仅仅是初到纽约的人，我指的还有漫步于世界各地的数学家。无论是高楼广厦、棋盘网格式的街道，还是以数字名命名的十字路口（如 93 号街和第五大道口），纽约无疑是数学家心中的圣地。

5040

规划一座城市，或是幻想一座城市，都需要我们运用数学知识，借助数学家的智慧。城市以及大楼的建筑设计师会规划空间：这块地用来疏通早间交通，那块地用作休闲公园；这一层做办公区，地下那层做停车场。设计师将数字转化为和谐对称的实体、秩序以及宜居空间。城市是包容并引导人们生活的数字模式的具体体现，但任何城市在建造之初都是看不见的。

在纽约建成之前，人们只有构建纽约城的概念：那是欧洲移民们脑海中的灵光一现。移民们为森林、河流以及印第安人留下的小径命名，并将这块土地称作"新阿姆斯特丹"。多年之后，经历了被殖民和独立战争的这里成了新兴联邦的首都。灵光一现的概念现在正逐步变为现实。

一个成立于1811年的委员会，对横平竖直、方方正正的建筑格外情有独钟。每条大道都被精确设计为100英尺（30.48米）宽，并从最东边开始，自1到12，逐一编号。60英尺（约18.29米）宽的小街则与大道呈直角，并自1到155，逐一编号。街道的名字就如同指南针，不管是外地人还是易迷路的那部分本地人，都能在其指引下准确找到方向。一板一眼的几何结构为城市带来了秩序、高效的商业环境和洁净的街道，但也让曼哈顿岛的自然风光荡然无存。借用一位专员说过的话，纽约的棋盘格局是"帝国的黎明"。

✕

尽管如此，纽约也是独一无二的。并不是所有的城市最终都能版图辽阔、秩序井然。许多城市甚至仅存留于早期开拓者的旧梦中。下面我想简单谈谈这些看不见的城市的历史。

　　柏拉图在《法律篇》（Laws）中曾提到构建理想城市的"配方"。就像其他写配方的人一样，柏拉图也十分重视自己所描述内容的精确性。柏拉图在文中总是反复强调着同一个数字"5040"。他的构想里没有任何取近似值的余地，也没有任何商量的余地，因为对柏拉图来说，他的城市"就像克里特岛是个岛一样明明白白"。

　　**柏拉图建立城市的真实意图是限制**。他说，如果没有城市，人们就会居住在"令人惶恐的无尽沙漠"中。这样，别说无法理解艺术与科学，人们甚至对自己都会一无所知。

　　城市太大也没有好处，因此应当小心界定城市的规模，既不能太大也不能太小，这样城里的居民才能有足够的时间和精力去结识每一个人。在柏拉图看来，这样也能有效避免战争，而战争正是让很多伟大城市毁于一旦的罪魁祸首。柏拉图认同诗人赫西奥德（Hesiod）对于中庸的赞美："半分更胜整体。"

　　柏拉图认为，数字的复杂性和等分性使其在任何领域都能发挥巨大作用。柏拉图理想中的城市应该不多不少正好能容纳 5040 户家庭。为什么是 5040 户呢？因为 5040 是高度合成数，也就是说这个数字能够以定数等分为多种不同组合。事实上，这个数字能被 60 多个数字整除，包括从 1 到 10 的任意数字。

　　5040 也能被 12 整除。柏拉图将整个城市的家庭分为 12 个部落，每个部落有 420 户。就像一年中的 12 个月一样，尽管这些部落之间相互依存，但它们的规模还是相对固定的。

　　高度合成数的运用有助于城中居民公平地划分土地和财产。每个部落中的每户家庭都有相同规模的土地，这些土地自城市中心向外围延伸。在每户家庭分配到的土地中，有一半为城中最肥沃的，而另一半则为相对贫瘠的。这样，便能确保每户家庭分配到的土地在质量上是公平的。

柏拉图 5040 户家庭的构想引起了现代统计学家的好奇。数学家计算出，要想维持这样的人口数量，每年大约要有 164 ～ 165 个新生儿降生。古希腊人认为男性是一家之主，因此数学家算出城市中每年有可能生育子女的男性数量为 1193 人。而柏拉图曾认为每年有 1/7 的已婚家庭会生育子女，那么每年的出生人数就约为 170 人，这和统计学家计算的数字相差无几。

柏拉图要如何控制他理想城市的户口数量呢？他提议，每户家庭都应将继承权传给"最受宠爱的"男嗣，其他儿子则应分配至没有子女的居民，而女儿则应嫁出去。

柏拉图的城市里不允许大家族存在；超生将被视为违法，"生养众多"的夫妻会被众人谴责。将城邦里的家庭户数维持在 5040 是管理者神圣而不可侵犯的职责，任何干预履行职责的闲杂人等都将一律被遣散出城。

柏拉图相信这个精准的限制将有助于确保城中居民的平等和安全。他对城市有着田园牧歌般的愿景。男女老少"以大麦小麦为食，烘烤小麦，研磨面粉，制作点心面包；食物皆放置于苇席或洁净的树叶上，人们则以紫杉和桃金娘树枝为席，坐享美食。一家人其乐融融，畅饮自家酿制的美酒；头戴花环，赞颂众神的恩典。他们在如此美好的社会安居乐业，但并没有忘记警醒自己的家族不要累积过多的财富，因为财富会导致贫穷和战争"。

可以想象柏拉图城邦中的居民一定很小心寡欲，而这种特质在很大程度上正是由精打细算的文化所培养出来的。

×

文艺复兴时期，人文主义学者们又重新开始关注柏拉图的思想。意大利的一位建筑师也同样开始想象他心中的完美城市。这位建筑师的名字是安东尼奥·迪·彼得罗·阿韦利诺（Antonio di Pietro Averlino），但他更为人知的名字是费拉莱特（Filarete），即希腊语中"爱好美德的人"。与柏拉图不同的是，费拉莱特是位建筑师。据说费拉莱特曾因偷盗而获罪被拘捕，并被明令禁止在罗马工作。

费拉莱特在他的《论建筑》（*Trattato di architettura*）中曾详细描述过自己理想中这座名为"斯福钦达"（Sforzinda）的城市，该城市的命名后被视为费拉莱特对资助人，即米兰的弗朗西斯科·斯福尔扎（Francesco Sforza of Milan）的奉承。费拉莱特将城市坚固的外墙设置成八角形。这个独特的外墙设计并不仅仅是为了美观，还有助于防御，因为试图爬上这一城墙的敌人将会暴露于多方夹击之中。

如同巨轮上的辐条，8条笔直的大道由城墙直达城中心。道路之间建有小广场，广场周围商市林立。从城门进来的访客一路上会看到堆积如山的苹果、面包以及五光十色的服装首饰。商贾们喜笑颜开，吆喝着："夫人们！太太们！快来看啊！"走到城中心，3个彼此相连的广场映入眼帘。市集的喧哗声退去，富丽堂皇的公爵府邸矗立在左，宏伟华丽的大教堂矗立在右。而在府邸与教堂之间的主广场上，则建有一座10层高的宏大建筑。

城市的每条街道最终都通向的到底是怎样一栋巨大的建筑？费拉莱特把这栋建筑称为"罪恶与美德之屋"，建筑中的每一层都有不同的经营类别。第一层是妓院，酒馆和赌场设于第二层，再往上是大学和讲厅，只有少数人会拜访此处，最顶层则是天文台。

市民们工作或是娱乐结束后会回到各自的家中。费拉莱特想象中的居民房屋形态十分精巧复杂。市民的住房取决于他们在城市中的社会地位：工匠的房子要比商贾或达官贵人的房子小很多；而像费拉莱特这样的建筑师，他的房子则要比那些画家、艺术家邻居们的宽敞两倍。

费拉莱特的计划很长远。他用了整整 25 卷连篇累牍地描述着这个尚未问世的城市。但《论建筑》这部著作刚完成不久，斯福尔扎公爵就去世了，费拉莱特对城市的宏伟愿景也就止步于此了。

✕

柏拉图和费拉莱特关于理想城市的理念需要后世的梦想家们来付诸实践。这些理念代代传扬，生生不息。它们也为后世子孙提供了建设雄伟城市的灵感，美国很多城市的构想正来源于此。

发明安全剃须刀的美国人金·坎普·吉列（King Camp Gillette）曾梦想建设一座名叫"大都会"（Metropolis）的城市。他通过于 1894 年出版的一本短篇图册来宣传这一设想。吉列在书中写道，这座城市"将被建于尼亚加拉瀑布附近，自东向西从纽约延伸至安大略湖"。它将呈长方形，长 60 英里（约 96.6 千米），宽 30 英里（约 48.3 千米）。吉列认真考虑了城市的架构，认为其"建造灵感源于机器的运转，更确切地说是用来生产和分配的机器的运转。因此，机器中包含的每一部分都应该为人所熟知。其中不得有任何多余的零部件，以避免不必要的摩擦和动能消耗，但这台机器也应确保所有必要零部件俱全，只有以这种方式建造的城市才能为城民带来福祉"。

城中有 6000 万居民，他们居住在环形的摩天大楼里，环形直径为 600 英尺

（约 183 米），"这宏大壮观的规模是任何文明都未曾有过的"。城市居民的住宅楼以蜂巢状分布，因此建筑之间将会为街道和公园留下足够的空间。这座城市也能确保每个居民的住宅都与学校、商店、电影院等公共场所相距不远。

在吉列生活的时代，电梯还属于新发明。电梯的出现很快让城市发展模式从横向变为纵向，但"大都会"让纵向城市的理念又更上了一层楼。城市中的摩天大楼非常高大，这些可居住的庞然大物在城市集中，数量众多，现代化的钢筋水泥与反光玻璃闪闪发光，犹如一座座千篇一律的纪念碑。

吉列对于城市极致秩序的要求也体现在他对家庭住宅的设想上。吉列和费拉莱特一样，都将家庭住宅视作一座小型城市：其中的格局需要完全对称，每一侧都要有相应的起居室、卧室和洗手间；窗户在设计时要确保邻里之间无法窥探彼此。

吉列的设计中，甚至连建筑物周围的六角形草坪用的都是人工草皮，为了缓解过于刻意的雕琢感，吉列提议在城市修建上千座种满绿树和鲜花的公园。他坚持认为，完全规则的建筑风格并不会让人感到过于千篇一律。从自家窗户向外望去，市民们总能看到"完整而又连续的景观，从各个角度看，每栋建筑与每条街道都被多姿多彩的花朵等植物包围着"。

吉列对他的乌托邦式愿景这样总结道：

> 想象一下这座"大都会"中的三万多座建筑，每座都各自独立，庄严而美丽……这座城市有着无法比拟的美感和洁净。把它与我们现在集肮脏、罪恶、痛苦于一身的城市相比较，我们的城市正充斥着恶心丑陋的街道、拥挤不堪的人群、混乱不已的交通。然后再比较两种城

市系统的运作模式，你会选择哪一种？我认为使这座伟大城市迟迟未能修建的主要障碍是人。

✕

在吉列的书出版 50 年后，1939 年，纽约世界博览会展出了纽约版的"未来之城"。

成千上万的民众排队数小时只为一睹这座"城市"的风采。而过去，纽约人最讨厌的就是排队。他们不喜欢被动的亲密接触，也憎恨痛苦又慢吞吞地走路，更不乐意体验自己城市中的恼人现象。但这次，他们选择了耐心排队。

建这座模型究竟花了多久？"城市"被安置在一个 18 层高的球形建筑里。参观者可乘坐当时世界上最长的电梯，到达离地面 15 米高的展厅。进入展厅时，刺耳的音乐声盖过了人群的嘈杂，紧接着，一个洪亮的声音宣布道："请欣赏人类的'未来之城'。在这里，花草树木与钢筋水泥相得益彰，它虽不是理想之城，但却象征着未来人类的居住模式。届时，人类将互帮互助，各国将携手并进，成千上万条道路将紧密相连……届时，人类的脑力与体力、信心与勇气，都将达成前所未有的统一。"

游客站在缓缓旋转的传送带上，仿佛正置身于 2000 多米高的高空俯视着整座城市。他们能看到一个彩色的圆环，环内代表 11000 平方公里的土地。在其中心，一座高楼若隐若现，那是一座宏伟的办公楼，每天有 25 万城市居民（城市总人口的 1/6）在此进出。

在中心城市附近环绕着 5 座卫星城镇。即使是最边远的"欢乐谷"（居民住宅区的名字），距市中心也在 96 公里内。面积较大的"米尔维尔区"是城市的工业区，它能有效将噪音和污染排放至郊外。绿化带点缀着郊区，高速公路则成了市中心和周边广阔郊区的纽带。

美国人最痴迷的机动化在这座城市得到了全面体现。交通灯将不复存在，城市中的高速公路能够让车辆永远自由通行，因此也能有效避免交通拥堵，保护过路行人。为了保证安全，所有道路都要距学校一定距离。

展览开始两分钟后，灯光突然变暗，凹面的穹顶闪着点点星光。一曲合唱此时开始，银幕上也伴随着出现了各种正在行进的人群，工匠、农夫、商人彼此协作，为了美好的明天而共同努力。歌声逐渐变得高昂，行进的人数也在不断增加，参观展览的观众们纷纷屏住呼吸。

紧接着，音乐戛然而止，银幕上的男女老少也在一阵烟雾后消散。展览就此结束。

# 11 人类是孤独的吗

与柏拉图、亚里士多德同时代的德谟克利特（Democritus）想象所有物质都是由独立的元素组成的，他把这些元素称为"原子"。德谟克利特也是第一个认为宇宙中有多个世界的思想家。在他看来，每个世界都是不同的，有的世界既没有太阳也没有月亮，有的世界的月亮或大或小，甚至还会有好几个。

毕达哥拉斯学派也相信，我们的世界中没有什么东西是独一无二的。对他们来说，月亮跟地球类似，有生物居住，且上面的生物更大，植物更漂亮。他们相信，月球上居民的身高是我们的 50 倍，他们仅靠呼吸就可以维生，因此并不需要排泄。

柏拉图认为必须有明确的证据，才能说明世界的数量是无穷的。他和亚里士多德都驳斥了毕达哥拉斯学派的观点，但这并不能阻止这些观点对后世思想家产生影响。

由于太空中充斥着虚无，同时无尽的原子能用各种方式飞散到各种地方……因此要说我们的

世界和天空是唯一的，且我们世界之外的原子并未创造出任何世界是
不切实际的……在宇宙的其他地方必定还有其他的世界存在，还有其
他的人类及不同种类的动物。

上述这段话来自公元前 1 世纪、罗马诗人卢克莱修（Lucretius）的长诗《物
性论》（*On the Nature of Things*）。他的想法让早期教会的创始人们感到惊愕。

也有人支持卢克莱修的观点。布鲁诺用详尽的论点，支持了"宇宙存在无限
多的世界"的说法。布鲁诺描绘了无数个伊甸园：亚当和夏娃在其中一半里，吃
了智慧之果，而在另一半里则没吃。由于这些"神学错误"，布鲁诺被当局视为
异教徒，最后被处以火刑。

和布鲁诺同时代的人物伽利略透过自制望远镜观察月亮，看到了月球表面崎
岖不平的地貌，但由于当时宗教裁判所的原因，他只能对月球上可能有地外生命
的证据视而不见。

既然月球表面与地球类似，都有着高山低谷，那么月亮上为何就没有生物居
住呢？伽利略的朋友，同是数学家和天文学家的开普勒也是这么想的。开普勒推
导出木星有生物居住的"概率极大"，不过这些生物应该比人类要低等。

✕

**"概率"** 一词已成为论述其他行星上有生命的基础。1895 年，美国天文学家帕
西瓦尔·罗威尔（Percival Lowell）写道："对于探索地外文明，只有因缺乏实证的
概率而产生的谦逊，才能阻止我们认为自己是这广大宇宙中唯一的智慧生命。"

在卢克莱修之后约 2000 年，罗威尔通过援引当时最新的科学观察结果，认为火星的状况似乎宜于人类居住：火星上有大气，气候非常温和，并且存在作为生命基础的水。罗威尔写道："去年初夏，任何通过望远镜观察火星的人，都会惊讶于火星表面呈现出的三种颜色的斑纹，这三种颜色分别是白色、蓝绿色和赭红色。白色的椭圆形覆盖了火星的底端，这是火星南极的冰盖；蓝绿色是水的颜色，或者说是火星上残存的水的颜色，因为有迹象表明，火星上的水含量现在非常低。"罗威尔因此推断，火星居民把所有的精力都花在了灌溉上。他仔细观察了火星表面，发现了"由细而笔直的黑线所组成的网络"，"那一定是运河"。罗威尔说："当然，这些黑线也可能……不具任何意义，但也有一定概率是有意义的……我们在谈论火星时，火星是否有生物居住绝对是首选话题，而不是排在最后的不重要话题。"

罗威尔的主张吸引了许多支持者。他知道"概率"是个芝麻开门般的字眼，因为这可以打开人们的耳朵，开启人们的心智。但这魔法并不适用于所有人。生物学家阿尔弗雷德·拉塞尔·华莱士（Alfred Russel Wallace）曾在不仰赖达尔文的情况下，独自发现了物竞天择的原理。华莱士就曾强烈批评过罗威尔的主张。没错，火星上有极地冰盖，火星上的一天只比地球长半个小时，同时火星也有着季节交替，但根据华莱士的计算，火星实在是太冷了，不可能有河流、海洋甚至是运河。罗威尔观察到的只是自然地貌，是地质变化下的正常产物。"因此，火星不但不适于智慧生命居住……也不适于所有生物居住。"

没有生命的行星不仅仅是火星，太阳系的其他行星很有可能也没有生命。这是迈入 20 世纪之际，华莱士得出的强有力的结论。物理学、化学、宇宙学等领域的一系列独特且特别复杂的发现，将在广袤无垠的宇宙中发现其他生命的可能性降到了最低。华莱士提出，作为智慧生命的我们可能是宇宙中唯一的生命体。

什么？唯一的？许多人不能相信这点。单独待在一间房间或一间屋子里是一回事，但自己是小镇、城市，甚至是国家唯一的一个人，这简直难以想象！古希腊人梅特罗多洛（Metrodorus）就认为，广袤的田野上只有一粒麦子发芽是很荒谬的。对这些人来说，被巨大的孤独感环绕会使他们产生一种难以忍受的压抑感。在死气沉沉的虚空中，他们就好像异类一样。

$$\times$$

数十年过去，我们仍只能在粗制滥造的小说和电影中看到外星人。美国天文学家法兰克·德雷克（Frank Drake）是"搜寻地外文明计划"（Search for Extra Terrestrial Intellgence，SETI）的领军人物。他对地外文明的想象始于小时候与父亲的一场谈话。父亲说："看这颗星星，还有这颗，看那颗星星，还有那颗，所有这些星星，无穷无尽的星星，在天空中闪耀。它们中，有些有着和我们类似的世界。"没想到，小德雷克全然相信了父亲。

德雷克的父亲是名工程师，家中人口众多，德雷克的青少年时期也是在人口众多的芝加哥度过的。他的思绪常常飞到遥远的外星世界，想着外星人的城市、汽车是什么样子，或想着外星人是否知道什么是战争和癌症。

从哈佛大学获得射电天文学博士学位后，德雷克开始研究星际通信，这拉开了人类搜寻星际信号的帷幕。1960 年 4 月 8 日，德雷克把无线电对准 12 光年外的两颗和我们的太阳相似的恒星。接下来的两个星期，他和同事们孜孜不倦地聆听着，但毫无所获，一点声音都没有。

银河系的恒星数量是如此之多！德雷克相信这些数量一定会对他有帮助。我们银河系的恒星数量至少有一千亿。一千亿！其中有多少像太阳一样周围是有行星的？没有事实可以佐证这一点。德雷克探索着、筛选着、犹豫着。他闭上眼睛猜想：大约有一半。在银河系，有一半的恒星周围有行星环绕，也就是说银河系中有 500 亿个"太阳系"。

　　然而，不是每个"太阳系"都能产生生命。除非满足特定的条件，即"太阳"不能太冷或太黯淡，但也不能过于巨大，否则便会在生命出现前烧毁一切。只有这样的"太阳"才能孕育出类似地球这样的行星。德雷克联想到我们的太阳系和它曾经的九大行星，以及其中唯一一孕育出生命的地球，他发现这个"唯一"困扰着他：地球太独特了。不，有着多个世界的"太阳系"一定是存在的。有些"太阳系"会先产生一个世界，然后再产生另一个世界，也许还会再产生下一个。为什么呢？看看火星，火星差一点就成了第二个地球。因此德雷克保守估计，每个"太阳系"可能至少会有两个"地球"。

　　到目前为止，一切都还顺利。但德雷克的下一个预测就需要用上他的创造力了。首先，他得预测能孕育出生命的行星数量。这是德雷克的推论：45 亿年前，地球刚诞生不久，还是块又冷又秃的石头。从一无所有开始，几亿年后地球出现了第一个活细胞。宇宙有一两百亿年历史，几亿年算不了什么。只要条件允许，生命就会快速繁衍下去。地球上的生命很容易就出现了，这使德雷克得出结论，其他世界应该也会是如此。

　　接着，德雷克开始思考智慧生命的问题。在几千亿的类地行星中，会有多少行星的活细胞能最终演化成智慧体？德雷克想到了地球生物的多样性。在这么长的时间里，地球演化出了超过 10 亿种生物，有爬行的、飞行的、吐舌的、跳跃的、游泳的，但只有一种生物——人类会问自己问题，并期待着其他世界也有生命存在。德雷克认为，会思考的心智是普遍存在的。他预估，只有 1% 的行星会孕育出智慧生命，因此银河系大概会有数十亿个潜在文明。

　　这些文明中，有多少会发展出科技，并想要与其他文明接触，而且这种接触还是以我们能理解的方式？德雷克是一位射电天文学家，他知道地球上的无线电波已经在太空中传播得很远了。也许在二三十光年外的某个地方，有着同样无线电知识的外星人正在收听德雷克小时候听的《飞侠哥顿》( Flash Gordon ) 或《独行侠》( The Lone Ranger )。而有些行星，先估计有 10 万个吧，一定也在发送着他们自己的广播信号。

　　这些行星会播放音乐、新闻广播，或传送编码过的信息，前提是他们还存在，并没有因为新科技而把自己炸成碎片。毕竟文明发展是很微妙，也是很危险的。人类的文明史不过一万年。德雷克知道，相互毁灭的危机始终存在。注意德雷克的预估值，他把期待设得很低：在银河系可能互相通信的 10 万个文明里，最终能存活下来的也许只有 10 个。有着几百甚至上千年历史、由不同代际发出的信号，可能正穿过太空，等着被其他文明的天线所接收，即使其中一些信号的发出者现在已经不存在了。

　　根据这些原因，德雷克写下了叫人印象深刻的简约方程式：

$$N=N^* \times f^p \times n^e \times f^l \times f^i \times f^c \times fL\,^1$$

　　式中，$N$ 是银河系中，可以互相通信的文明数量；

　　　　$N^*$ 是银河系中的恒星数量；

　　　　$f^p$ 是有行星环绕的恒星的比例；

　　　　$n^e$ 是能承载生命的行星数量；

　　　　$f^l$ 是已演化出生命的行星的比例；

---

[1] 这一公式也有时写成：$N=Ng \times Fp \times Ne \times Fl \times Fi \times Fc \times FL$

$f^i$ 是有生命的行星中，演化出智慧生命的概率；

$f^c$ 是智慧生命能与外星生命通信的概率；

$f_L$ 是有文明持续时间占行星生命周期的比例。

接下来是记者一定会问的问题："其他智慧文明是否存在？"德雷克的回答是："存在几乎是可以肯定的。"这正是他从父亲那儿听到且承袭而来的答案。

要发现另一个世界，德雷克得付出多少心血！他的俄罗斯同事就提醒他，俄文里的"世界"是"和平"的同义词。德雷克每天都在天文台工作。透过厚厚的眼镜，他埋首于图表记录器的进度，看着指针左右晃动，看着墨水描出随机噪声的轮廓。当德雷克偶尔不耐烦时，便会抓起耳机亲自监听。他定坐在房间里，全神贯注地聆听着。到底在听些什么呢？听哔哔声、嗡嗡响以及电子信号的低鸣。德雷克监控着、聆听着、等待着，几个小时就这么过去了，但惊喜没有出现。日复一日，年复一年，什么都没有。

随着时间的流逝，科技越来越发达，仪器也随之升级。更多研究助理加入了"搜寻地外文明计划"，与德雷克一起聆听，一起耐心等待。"概率"是每个人都在谈论的话题。他们告诉媒体、朋友、家人还有自己，数字是站在我们这一边的。一切只是时间问题。

但他们听到的，只有令人不安的沉寂。

随着射电望远镜的增加，质疑也越来越多。只有意志力超凡的人，此时才不会动摇。也许只有德雷克才能如此，因为他已经赌上了所有希望。

×

　　由沉寂所带来的一系列问题是令人震惊的。如果银河系已经有成千上万个演化了数百万年（甚至上亿年）的、能与外界通信的文明，那么为什么没有一个文明向外殖民，或者到达过地球？德雷克方程式所预测的所有文明中，任何一个历史比我们悠久的文明，只需要几百万年就可以在银河中建立殖民地，以宇宙的尺度来说，几百万年不过是短短一瞬。或者，起码可以让我们找到它存在的蛛丝马迹。

　　仔细看！认真听！德雷克的态度明确而坚定。或许其他文明在与我们接触之前，先要暗中考察我们，抑或他们只满足于在自己的"太阳系"中殖民。或许星际旅行的成本太高，抑或他们根本未曾发明过无线电。或许，或许，或许……

　　地球外到底有没有生命？无独有偶，在 1992 年，也就是哥伦布发现美洲大陆后的 500 周年，德雷克出版了一本书，专门讨论了这个问题。德雷克觉得，现在比以往任何时候都要接近正确答案。"准备好……人类很快就要接收到来自地外文明的信号。"什么样的文明？他们和人类很像，身躯上方有头颅，用两只脚行走。但他们的手不是两只，而是四只，因为"四只手是更好的设计"。他们不会老，也不会死。"这发现会从根本上改变世界，我希望能在公元 2000 年之前目睹这一切。"

　　同一年，美国国家航空航天局进行了有史以来规模最大也最复杂的天体射电扫描，并对所得资料进行了每秒 5000 万次的运算。结果什么也没找到。

　　同时，生物学家也开始重新审视德雷克方程式的假设条件。哈佛大学生物学家恩斯特·迈尔（Ernst Mayr）表示，德雷克和他的同事用的是一种"严格、确定的思考模式"。"通常用这种思考模式去解释物理现象是非常合理的，但当轮到理解演化过程或社会进程，如文明的起源时，其就非常不合适了。"另一位生物学家伦纳德·奥恩斯坦（Leonard Ornstein）则指出："就算我们假设宇宙满是行星，行星上进行着'原始新陈代谢'，充斥着'原始细胞'，也并不代表行星上就一定会发生促成生命演化的偶发事件。"

奥恩斯坦更倾向于一种类比：想象一下，我们将手放进一个装满弹珠的袋子里，随机取出一颗弹珠。这个弹珠是蓝绿色的。结论是什么？我们可以假设袋子里所有或大部分弹珠都是蓝绿色的，也可以假设袋子里还有一颗蓝绿色弹珠，或者袋子里一颗蓝绿色弹珠都没有了。

**唯一可以确定的是，人类所处的宇宙中有其他智慧生命存在的概率至少大于零。**因为如果等于零的话，我就不会在这里写下这句话，你也不会阅读这行字了。此外，其他的都属臆测：大爆炸之后有过数十亿个文明，有过数百万个文明，有过成千上万个文明，有过几百个文明、十多个文明，或只有一个文明。

难道不是这样吗？概率多半会使用大而有限的数字作为分母来表示，如"千"分之一或"百万"分之一。

0.000……　宇宙中存在生命或智慧生命的概率也许是无穷小的。如果是这样的话，宇宙就需要有无限数量的行星，才能孕育出有限数量的文明，比如，也许是唯一的地球文明。

这样的结论至少应该像德雷克的结论一样激励我们。正如天文学家迈克尔·帕帕扬尼斯（Michael Papagiannis）所说："知道我们是唯一的，可能会让我们意识到自己有多么珍贵，多么不该被摧毁。"

# 12 使用十一进制的人

文艺复兴时期的贵族、个人随笔首创者米歇尔·德·蒙田（Michel de Montaigne）在《论大拇指》（*On Thumbs*）中写道："医生说，大拇指是手上最重要的指头。"蒙田解释道，大拇指是如此重要，以至于古罗马的统治者认为失去大拇指的军人，可以在日后自动免服兵役。

蒙田对人们如此依赖自己的双手感到惊讶。当看到诸如拇指朝上或朝下、用食指按住双唇、掌心水平朝上等手势时，我们马上便可以知道是什么意思。这些手势可谓胜过千言万语。蒙田有时也感觉，手似乎拥有自己的生命，比如手指会在他睡午觉时不自觉地轻轻动那么一两下。

×

关于手的许多用途，蒙田唯独没有提到数数。传记作家曾指出，算术不是蒙田的强项。当然，"十进制计数法萌生于用手指数数的经验"的这一说法，还有待商榷。不过，手指确实在人们早期的计数过程中扮演着无可替代的角色。英文中衍生自拉丁文的 digit 一词，既是"整数数字"的意思，也是"手指"的意思。《荷马史诗》里有个用来表示计数公式的术语 pempathai，按字面意思来理解，即为"以五计数"。

**全世界的人只要动动手指，便可以 10 为单位来数数（10、20、30……50……100……）**，但怎么从 1 数到 10，则因手而异，也因文化而异。我就和许多欧洲人一样，数数时从左手的大拇指开始，然后按食指、中指的顺序一直数到 5；接着再从右手的大拇指开始，以与左手相同的顺序依次数到 10。而美国人则多半从左手的食指开始数起，等数到 5 的时候才会用到大拇指；接着再以同样的方式用右手从 6 数到 10。在亚洲一些国家，数数一般用一只手就够了：将手摊开，数 1 时弯曲大拇指，数 2 时再弯曲食指，以此类推；数到 5 时，手呈拳头状，在此基础上打开小指算作 6，再打开无名指算作 7，直到最后打开大拇指算作 10。

对此我不禁想，如果有人不像蒙田提到的古罗马军人那样少了指头，而是多了指头，那会如何？拥有更多指头的人在学习数数时，会和你我一样吗？他会用 11 来计数吗？

据说，英国亨利八世的第二任王后安妮·博林（Anne Boleyn）的其中一只手上就有 6 根指头。在医学上这被称为多指症。都铎王朝的贵族女子大多由家庭教师来教授读写和算术，然而，要小安妮用 11 根手指来数数，可能会让她陷入窘境。

✕

我之所以会想到安妮·博林，是因为近来看到了报纸上的一则文章。37 岁的古巴人尤安德里·埃尔南德斯·加里多（Yoandri Hernandez Garrido）生来就有

12 根手指头和 12 根脚指头。因此，他被同学称作 "Veinticuatro"，意思是 "24"。埃尔南德斯回忆，当他在小学和同学一起学算数的时候，有一次老师问他 5+5 等于多少，慌乱中他居然回答："12。"

埃尔南德斯告诉记者，如今他通过自己的双手，过上了很好的生活。游客们常常会付费来跟这个拥有 12 根手指头的古巴人照相。照片里，埃尔南德斯面对镜头举起双手，他的笑容里满是自豪。

那篇报道没有提到埃尔南德斯成年后是如何算数的。就拿计算时间来说，拥有 12 根手指头应该会方便很多，因为每根手指都可以与时钟上的每一小时相对应。要算出下午 4 点前 9 个小时是什么时候，他只要蜷起右手的 5 根指头，就可以得到答案：左手的 6 根指头加上右手没有蜷起的那根指头，也就是早上 7 点。除此之外，埃尔南德斯的每根指头也可以与月份一一对应。

我们知道罗马人惯于以 12 为底数进行计算。古罗马诗人贺拉斯（Horace）在《诗艺》（*Ars Poetica*）里就曾简短描述过罗马男孩是怎么学习分数的：

> 假设阿比努斯的儿子问：如果从 5/12 里拿走 1/12，还会剩多少？你可能会马上回答 1/3。非常好，你可以管理自己的钱财了。那如果是 5/12 加上 1/12 呢？ 1/2。

"英国历史之父"比德（St Bede the Venerable）就曾教导僧侣使用罗马人的分数把圣经故事区分为多个时期。比德指出，1/12 为 uncia，这也是 ounce（盎司）一词的由来，剩下的 11/12 则为 deunx。若将整体分为 6 份，1/6 为 sextans，剩下的 5/6 则为 dextans。罗马人的 1/4 是 quadrans，那么剩下的 3/4 则为 dodrans。

我们要怎么算 1/6+3/4 ？贺拉斯的学生、比德教导的僧侣和埃尔南德斯也许会这样回答：1/6 等于 2 根手指头，3/4 等于 9 根手指头，所以 1/6+3/4=11/12，也就是 deunx。

我们大多数人都用 10 根手指头来计算，不知道埃尔南德斯会怎么看待我们"有缺陷"的双手。他会不会对我们产生怜悯，就像古罗马人对失去大拇指的军人那样？埃尔南德斯认为自己的 12 根手指是上天的恩赐，很显然他并不想成为我们这样的人。

有人觉得，我们应该像埃尔南德斯那样数数。某个成立于 20 世纪初的协会就主张用十二进制取代十进制，因为 12 比 10 更容易除尽。除了 1 和它自身，12 还有 4 个因数，即 2、3、4 和 6；相较而言，10 就只有两个，即 2 和 5。时至今日，这一协会仍在英国和美国倡议使用罗马的分数来计数，并认为若不这样做，会带来很大的损失。和之前的世界语以及拼写改革运动的推动者一样，这个协会的梦想是成立一个高度理性的世界，摒弃一切杂乱和无章的可能性。

拥有 11 根手指的英国王后，和拥有 12 根手指的古巴男人，他们的故事在使我感到惊奇的同时也让我隐约觉得哪里不对劲。

幸而蒙田给了我想要的答案。蒙田回忆起有次遇见的一个家庭，他们向陌生人展示一个"怪物般的孩子"，以求换取金钱。那孩子有着好几只胳膊和腿（这其实是个连体婴）。蒙田想，这孩子只是"人类未知"的一部分。

二 蒙田的观点是："不符合习惯就会被认为是不符合理性的，一般说来，这其实是极不合理的。"因此，就让自然的理性来驱除我们对新颖事物的成见吧。

# 13 了不起的圆周率

1996 年诺贝尔文学奖得主维斯瓦娃·辛波斯卡（Wislawa Szymborska）在她的诗作《有些人喜欢诗》（*Some Like Poetry*）里，将喜欢诗的"有些人"进行了量化。如果她是对的，那我一定是那千人中的一个[1]。不过我认为辛波斯卡有点太悲观了，因为我不可能那样稀有，但我能理解她所表达的意思。很多人都觉得诗歌就像是浮云或是稀有品种的花，浪漫得不真实。这种观点既对也错。诗歌中的确有云也有花，但究其原因，也还是因为现实世界中有与之相对应的事物。

事实上，好的诗歌可以反映任何主题，包括数学。巧的是，辛波斯卡的诗句里也提到了数学，这说明数学同样适用于诗歌。**数学和诗歌都意涵精简，都能以只字片语创造出整个世界。**在《巨大的数目》（*A Large Number*）一诗中，辛波斯卡悲叹着人们对后面跟有许许多多"零"的巨大数目的无感；而在《对统计学的贡献》（*Contribution*

---

[1] 原诗说的是，除去得去学校读诗的学生和诗人自己，大概每千人中会有两个人喜欢诗。——译者注。

to Statistics）一诗中，她说："一百人当中，凡事皆聪明过人者——五十二人。"但同时她也说："值得同情者——九十九人。"辛波斯卡的《了不起的圆周率》（The Admirable Number Pi）是我最喜欢的诗歌之一。这首诗的第一句（倒不如说是数字）是这样的：三点一四一。

✕

　　记得我在十几岁的时候，曾向一名女生表达过我对圆周率的崇敬。那名女生叫鲁克桑德拉，她喜欢我，觉得我和其他男生很不一样。我们课间喜欢泡在学校图书馆里，一起畅想未来，或是一起讨论作业。最让我感到开心的是，鲁克桑德拉最擅长的学科是数学。

　　有一次，出于好奇，我问她最喜欢的数字是几？她想了很久，似乎不太明白我的问题。最后她说："数字就是数字而已。"难道对鲁克桑德拉来说，333 和 14 这两个数字完全没区别吗？恐怕是没什么区别。

　　那么圆周率 $\pi$ 呢？我追问道。这可是我们在课堂上学过的最有魔力的数字，难道鲁克桑德拉不觉得这个数字很有美感吗？

　　美感？她的脸上露出费解的神色。

　　毕竟鲁桑德拉是工程师的女儿。工程师和数学家对圆周率有着截然不同的理解。在工程师眼中，尽管圆周率要比其他整数更精密，但也只是 3 和 4 之间的一个测量值而已。在计算时，工程师会尽力避免使用小数点，转而选用一个更方便的表示方式，比如 22/7 或是 335/113。对于圆周率，工程师最多只需要四舍五入后的 3.141 或 3.1416，从小数点往后 4 位之后的数字对工程师来说没什么意思，甚至可以选择视而不见。

　　但在数学家眼中，圆周率就大不相同了，而他们也比工程师更熟悉圆周率。对数学家来说，圆周率是什么呢？圆周率是一个圆的周长除以直径所得到的数值。它回答了一个最基本的问题："什么是圆？"这个答案如果用数字来表示将是无限的：这个数字没有末位，所以也不存在倒数第二位，更不存在倒数第三位或是倒数第四位……没有人能将圆周率中的所有数字写完，即使是一张和银河系一样广袤无垠的纸，也远远不够。任何一个分数都不能和圆周率准确对应，无论世上哪一个计算器，都只能描绘出一个有缺陷的圆、一个可怜的椭圆或一个有着完美圆形的粗劣仿制品。与圆周率完美契合的圆只存在于理想国之中。

　　此外，数学家告诉我们，圆周率中的数字是没有规律可循的。比如，我们以为下一个数字是 6，实际上却是一个突然冒出的 2、0 或 7；在一连串的 9 之后，接下来出现的有可能还是 9，甚至不只是一个，而是两三个 9，但也有可能出现别的数字。总之，圆周率已远超出我们的理解范围。

　　**所以说圆形，一个完美的圆形，根据我们的标准，应该包含一切可能的数字列**。也许在圆周率的某一处，或许远至小数点后数万亿位，100 个连续的 5 正摩肩接踵地排在一起，而其他某一处，可能正有 1000 个轮番交替的 0 和 1。更不可思议的是，在这杂乱无序的数字串中，如果一直不停地往后计算下去，在混乱后你又能看到整齐的数字序列 123456789 在不断重复出现，甚至是整整连续重复出现了 123456789 次。如果我们还能继续探寻下去，那么就会看到圆周率小数点后一百位、一千位、百万位、亿万位又整齐地重复出现了，就好像任何时刻整个圆周率都可以从头开始再循环一遍一样，但事实上，它却是永不能重复的。**圆周率只有一个，永远无可替代，也永远无法被除尽。**

×

我毕业之后的很多年里，都仍然无法忘记圆周率的美感。那些数字在我脑中徘徊不去，诉说着无尽的可能，似乎也隐藏着无限的冒险。有时我会不自觉地念叨它们，就好像有什么在提醒我不要忘记。尽管如此，我显然无法占有圆周率，无论是数字本身，还是它的美感，抑或是它的巨大。**也许事实上，是圆周率占有了我。**有一天，我开始思考我和圆周率是如何改变彼此的，于是，我决定努力记下它小数点后的一大串数字。

实际上这比听上去要容易，因为大的事情通常更特别、更刺激，因此比起小事，大事更容易被记住。比如说，像 pen（笔）或者 song（歌）这样简单易读的词，与 hippopotamus（河马）这样读起来慢、说出来也花时间的词比起来更容易被忘记，后者反而会给人留下深刻印象。在我看来，长篇小说中的人物形象与短篇小说里的相比更真实可信。数字也是一样。比如说极为普通的 31，就很容易让人把它和与它相邻的两个数字 30 及 32 混淆。但 31415 这样的数字就不同，它的广度让人好奇，也让人在处理时更加小心审慎。既长又复杂的数字列能够诞生花样和韵律。31 不行，314 也不行，3141 恐怕也不行，但 31415 就可以。

不得不说，我就是别人口中"记性好"的那种人。人们觉得我在记电话号码、生日和纪念日方面绝对可靠，对于书中或是电视节目上提到的数据和事件我也能过目不忘。我知道有这样好的记忆力绝对是因为老天爷眷顾，而且这个本事也常常给我带来好处。在学校时，我从不为考试担心，对我来说，回忆老师讲过什么知识简直易如反掌。比如说，如果有人问我法语单词être的第三人称虚拟语气是什么，或者玛丽·安托瓦内特王后是因为什么被处死的，我都能不费吹灰之力讲得清清楚楚。

　　因此，我开始着手背诵圆周率。我把圆周率打印在信纸大小的纸上，每页1000 个数字，我像画家凝视他最爱的美景那样凝视着这些数字。画家的双眼凝视着由近乎无限的光粒子所构成的画面，并用自己的品位去诠释，为景象赋予特殊意义。他的画笔从画板的一端开始，匆匆涂上几笔。轮廓随着画家持续的耐心勾勒逐渐显现。我等待着每一个数字列用它们吸引人的特质为我带来惊喜，比如一些有趣的排列，或是有如画作明暗一般的惊人巧合。有时这种惊喜来得很快，但有时却需要我先耐心"耕耘"30 ～ 40 个数字。成百上千个数字逐渐累积起来，经过巧妙的融合渲染、加重淡出，一幅由数字构成的美景逐步形成。

　　画家会展出他的画作，而我要做什么呢？在准备了 3 个月之后，我将我的圆周率带到了博物馆。这些蔓生的数字盘踞在我的脑海中，我的目标是：打破背诵圆周率的欧洲纪录。

　　3 月是春雨绵绵、书声琅琅的月份，也是全世界共同庆祝"圆周率日"（3 月14 日）的月份。2004 年的"圆周率日"，我从伦敦出发，北上牛津。牛津大学博物馆科学史展览馆的工作人员在那里等着我，同时等着我的还有不少新闻记者。《泰晤士报》的一篇文章对我即将背诵圆周率一事进行了报道，顺带还附上了我的照片。

　　我要去的是位于牛津市中心的阿什莫林博物馆，这是世界上现存最古老的博物馆建筑。它那有着长长胡须的标志性石雕头像，凝视着进出大门的每一位游客。砂岩色的墙壁十分厚重。我刚一走进博物馆，便有一众摄影师突然冒了出来，他们手中的相机就好像面具一般遮盖了他们的面孔。蜂拥而至的闪光灯让我瞬间愣住。我停下脚步，挤出了一个笑容。不过一分钟之后他们就又全都四散而去了。

　　负责记录本次挑战的工作人员已经抵达博物馆。摄影机的滑动轨道在地板上交错延伸。根据我的要求，这次活动的主旨是为一家癫痫症慈善组织捐款，因为我儿时曾罹患癫痫症。因此，号召募捐的海报贴满了墙壁。我在进入场馆时看到，为我准备的桌椅已经摆在了场馆的一侧。在我的桌子前面，另有一张更长的桌子，那里坐满了数学家，他们将验证我的背诵是否准确。

这时距离活动开始还有整整一个小时，所以场馆里只有三个人聚在一起交谈着。其中一人有着一头金属电线般的卷发，另一个打着花里胡哨的领带，还有一个既没头发也没领带。第三个人迅速走上前来向我介绍自己，说他是主办人之一。我同博物馆馆长和他的助手握了握手。他们的脸上流露出了些微的困惑、好奇和紧张。不久之后，记者们陆续走进场地，架设好麦克风和摄像机，拍了拍馆内陈列着古代星盘、罗盘和数学手稿的展示柜。

有人问起了挂在我们对面墙壁上的巨大黑板。博物馆馆长解释说，爱因斯坦在1931年5月16日曾用过这块黑板。那么黑板上用粉笔写的方程式呢？馆长说，那是这位物理学家计算宇宙年龄的过程。根据爱因斯坦的说法，宇宙可能已经有上百亿年甚至上千亿年的历史了。

随着开始时间的临近，博物馆石头地砖上的脚步声越来越多。数学家们准时到场，这7位权威人士逐一落座。男女老少也一一走进会场，很快座位就不够了，于是晚来的人们只能站在四周。会场的气氛因人们嗡嗡的交谈声变得越发浓厚起来。

终于，主办方令全场安静下来。所有人都一动不动地看着我。我喝了一口水，然后开始背诵："三点一四一五九二六五三五八九七九三二三八四……"

我的听众们是这世上第二代或第三代有幸能够亲耳听到圆周率超过小数点后

十位或百位的人。**千百年来，圆周率只存在于美丽的数字之中。**阿基米德只知道圆周率的前三位正确数值，在他之后 200 年的牛顿，也只知道 16 位。直到 1949 年，科学家才用电子计算机计算出圆周率小数点后第 1000 位数字：9。

我背诵的速度大约是每秒一个或两个数字，大约过了 10 分钟，我到达了这个 9。其实我也不知道具体过了多久，有一个对着观众的电子表记录着我背诵所用的时、分、秒，但从我坐的地方是看不到的。我停止了背诵，喝了一口水，调整了一下呼吸。这个短暂的停顿再明显不过，真实又忧伤。我被孤寂笼罩着，无所遁逃。

背诵挑战的要求很严格，除非我需要上厕所，这时他们会让一位博物馆人员陪同我前往，否则我不能离开座位。人们不能同我讲话，甚至连鼓励都不被允许。我可以随时停下来吃点水果或巧克力，或者喝点水，但根据规定，这些行为也只能在每背诵一千位数字的时候进行。摄像机会记录下我的声音和每一个动作。

"三八零九五二五七二零一零六五四……"

偶尔会有一两声来自观众的咳嗽和喷嚏打断数字的韵律。对此我并不介意。此时我已陷入内心数字世界的光与影之中。我冷静异常，紧张的情绪早已离我远去。

大部分观众都对阿基米德多面体一无所知，也意识不到他们刚刚听到的 10 位数字在之后还会重复数次，甚至也从未想过他们自己的生活会如何被数学所影响。但他们都聚精会神地听着，我声音中的专注似乎也感染了他们。无论男女老少，此时都专心致志、眉头紧蹙。他们听到了自己的生日、衣服尺寸、电脑密码，听到了朋友、父母、爱人电话号码或长或短的一部分。有些人期待地向前探身，这些数字的花样在他们的脑海中很快拼凑在一起，同时又很快消散。

这些人不尽相同，聚集在此处的原因和目的也各不相同。一个男孩是因为周日无聊才过来的；另一个干体力活的人因为捐了一些钱，所以想过来看看，好让这笔钱花得有价值；还有一个穿着短裤、戴着米老鼠帽子的美国游客，迫不及待想要把这次美妙的经历讲给他的家人听。

一个小时过去了，另一个小时又过去了，但我还在继续。

"零五七七七五六零六八八八七六……"

我在圆周率的世界里越走越远，每一秒的呼吸都在不遗余力地维持着数字的韵律和精度。那些小数似乎展现出了一种深刻的秩序。5 出现的次数永远不会比 6 更多，8 和 9 也不比 1 和 2 更常见，但除了间歇出现多次之外，没有哪个数字占绝对优势。到后来，每个数字出现的次数看起来都差不多，每个数字都对整体做着相同的贡献。

背到差不多一半的时候，我停下来伸展四肢，那时已经过了一万个小数位数了。我把椅子推到后面，站起来活动了一下胳膊和腿。数学家们放下铅笔，等待着。我拿起水瓶举到嘴前，瓶中的水带着一股塑料味。我吃了一根香蕉，然后蜷腿坐回座位，继续背诵。

场中一片寂静。这片寂静统治着全场，颇有权威。这时，一名年轻女士的手机突然响起，她立即被请了出去。除了这个小骚动之外，听众和我之间产生了一种微妙的默契。这种默契的形成体现了一种至关重要的转变。一开始，男女老少自信地微笑着，期待听到他们熟悉的数字，比如鞋码、重要日期、汽车车牌号等等，他们为听到这样的数字感到开心。但渐渐地，这种氛围发生了些许变化：人们开始变得惊慌失措。他们意识到，如果不稍做调整，他们的精力就会跟不上我的韵律和声音。比如说，有时我背得快，有时却背得慢；有时我会连续在几个简短的数字后停顿，而有时，我又会不加停顿地背出一长串数字。有时数字串在我加重声调后显得简短有力，而没过多久，数字串又会在我富有韵律的清晰声调下变得柔和起来。

错愕的情绪逐渐变为好奇。渐渐地，人们的呼吸节奏和我统一。我能感受到人们在我的声音逐一扫过每一个数字时与我建立的默契。当我不断背出连续的 8 和 9 时，数字变得沉重，人们的表情也变得沉重。当一连串的 0 或者 7 之后突然冒出个 3 时，观众席会传来一阵轻微的喘息声。随着我的加速，人们不知不觉点头的速度也在加快；而当我速度减慢时，人们则会纷纷面露微笑。

每当我暂停背诵去喝水或是吃点东西然后再继续时，我都不知道该往哪里看。我承受着绝对的孤独。我不想回应人们的目光，所以只能低头看着手上的静脉和指关节，看着手掌之下木头桌子上的划痕。我注意到展示柜上斑驳的金属光泽，注意到一些人流下了眼泪。

也许这样的场景会让一些人感到震惊。**因为他们以前从不知道数字竟然能这样确切有型、富有动感**。很快他们便沉醉于这样的韵律之中。

我并不是在公众场合背诵圆周率的第一人。我知道世界上还有一些"数字艺术家"，他们背诵数字就如同演员背诵台词一样。日本是这群"艺术家"的大本营。在日本，表示数字的不同词语听起来就像句子一样。用特定的方式来背诵圆周率时，圆周率小数点后的前几位数，即 14159265 听起来就像是在说"一个妇科医生去了别的国家"。出现在小数点后第 1158 位之后的 4649 用日语念起来就像是在说"很高兴见到你"；而出现在小数点后第 14194 位之后的 3923 用日语读起来就像"谢谢你，老兄"。

　　当然，这种语言结构的相似性是很随意的。彼此分离的、简短、生硬的短语要想形成带有一定意义的句子，必须由背诵者精心把它们组合在一起。据说日本观众在观看这些"艺术家"表演时就好像在看人走钢丝，就像担心走钢丝的人会掉下来一样，观众也怕表演者会说错。

　　这些"艺术家"与数字之间的关系十分复杂。多年的重复练习提高了他们的技艺，但他们也对这种口是心非的唠叨感到厌倦：重复出现的数字，或者说单词，已全然失去了本来的意义。每次表演之后，表演者一整个月都不想再接触任何数字，这种情况常有发生。表演者对数字感到麻木，标价签、数字条码，甚至是地址都会令他们感到恶心。

3.1415……　　在"数字艺术家"的脑海中，圆周率可以简化为一串串短语。而在我心中，是我自己，而非数字位数，正在变得越来越小。在圆周率的奥秘面前，我自己是何其渺小。我放空自己，用心感受每一个相邻的数字。我不想把数字碎片化，我也对打破数字的组合不感兴趣。我感兴趣的是数字之间的对话，而这个对话正蕴含于圆周率连续的整体之中。

　　钟表并不能述说时间，但它的运转却体现了时间的流逝。同样，人并没有办法计算无穷的数字，但通过不断地诉说，也可以描摹出圆周率的形态。

　　"三一二一二三二二三三一……"

　　通过背诵，我想试图唤起我看到和感受到的真实图像。我想将我体会到的形态、颜色和情感传达给会场中的每一个人，与每一个看着我、倾听我的人分享我的孤独。一切尽在言语之中。

3 个小时过去了，背诵进入了第 4 个小时。

我已经背到了小数点后一万六千多位。由数字构成的千军万马催促着我，但我只感觉越来越疲惫，顷刻之间我的脑海中一片空白。那些几分钟前还支持着我前行的数字，突然消失无几。

十条完全相同的路在我眼前展开，每条路又分出了十多条岔路。这一百条、一千条、一万条、十万条、百万条路都在召唤着我，想要把我带出绝境。它们向四面八方延伸着，但究竟该走哪条路，我却不知道。

不过我也不惊慌。惊慌能有什么用呢？我闭上眼睛，搓揉着太阳穴。深呼吸。

在一片漆黑中突然开始闪烁绿色的光斑。我如同迷失方向般不知所措。不一会儿一层薄如轻纱的白色覆盖了黑色，然后又被翻涌而来的紫灰色覆盖。这些色块膨胀着，震动着，让我猜不出它们的形状。

这些疯狂的色块究竟在我脑海中盘踞了多久？大概也就几秒钟，但其中的每一秒都恼人般的漫长。

这几秒钟就这样冷漠地流逝着，我别无选择，只能忍耐。如果我不保持冷静，那么一切都完了。如果我叫喊出来，那么时钟就会停止计时。如果我在接下来的几秒中不能给出下一个数字，那么挑战就会宣告结束。

这也就是为什么，当我终于想起这个数字并将它说出来时，会感到这个数字比起其他数字都要美妙。提取这个数字让我用尽了力气和信念。脑中的迷雾散去了，我又重新找回了方向。

数字继续稳定前行着，我又恢复了镇定。也不知在场是否有人注意到了我刚刚的异样。

"九九九九二一二八五九九九九九三九九……"

我必须快一点，再快一点。我不能停下来，不能迟疑，甚至不能在窥到数字之大美时稍做停留。我为快要背到我所知道的最后一位数字而感到开心。我不想让在场的每个看着我、倾听我的人失望，他们期待着我能够到达那个正确的终点。之前背过的千千万万个数字现在都失去了意义，只当我把所有数字背完时它们才能重获意义。

5 个小时过去了，我的声音开始变得含糊不清。我疲惫不堪，终点就在眼前，但越靠近终点我就越发恐惧。我能做到吗？万一功亏一篑怎么办？紧张的情绪在此时累积到了顶点。

几分钟后，我说完了"六七六五七四八六九五三五八七"，然后停了下来。我已经全部背完了。我已将我的孤寂全然道出。这就够了。

人们纷纷鼓掌。有人欢呼道："新纪录诞生了！"另一个人说："小数点后第 22514 位。恭喜你！"

我深鞠一躬。

在这 5 小时 9 分钟里，"永恒"造访了这座位于牛津的博物馆。

# 14 爱因斯坦方程式
THINKING IN NUMBERS

爱因斯坦有次在谈到他的父亲时，说："通常人们会认为我父亲的艺术家气质要胜于他的科学家气质。例如，父亲之所以会称赞一个理论或一件作品，往往不是因其准确或贴切，而是因为它的美。"根据许多熟识爱因斯坦的人的反映，爱因斯坦对美学的信仰不容忽视。物理学家赫尔曼·邦迪（Hermann Bondi）就曾向爱因斯坦展示他对统一场论的相关研究，然而爱因斯坦看完后却说："喔，真丑。"

试图将数学家划为某一类是最吃力不讨好的工作。数学家有高有矮，有的世俗，有的清高；有的是书呆子，有的则讨厌书本；有的会多种语言，有的则不善言辞；有的五音不全，有的则像音乐家；有的像隐士般逍遥，有的却醉心于社会运动。不管怎么说，多数人都会同意匈牙利数学家保罗·厄多斯（Paul Erdos）的话："数字是美丽的。如果数字不美，世上还有什么东西是美的？"

爱因斯坦虽是物理学家，但他的方程式却一度引发过许多数学家的兴趣，同时也使人们对他钦佩不已。爱因斯坦的相对论因简洁、优雅而备受推崇，其中的每个符号和数字都有着完美的权值，牛顿的时空观也因此得以被重塑。

×

许多数学方面的科普书籍都会按套路去阐释方程式的美。很多时候我都不禁怀疑这种做法的正确性。我觉得像我们这样的门外汉更多会着迷于欧几里得或爱因斯坦理论的独创性，对于其中的美，我们也许会印象深刻，但远不至于因此而深受感动。

然而，领略数学之美并非不可能。索性抛开理论家的絮叨，换一种更间接的方式。

你可以从日常事务，如游戏、音乐和魔术中找到数学家所推崇的美。重要的数学理论家、《一个数学家的辩白》（*A Mathematician's Apology*）的作者哈代（G. H. Hardy）就常常从板球中获得灵感。他每天吃早餐时，都会仔细查看报纸上的板球分数。工作数小时后到了下午，他会将他的数学理论卷好放进口袋里，以免被雨打湿，然后去看一场本地的球赛。哈代曾这样描述他的板球"梦之队"：

> 霍布斯 [1]
> 阿基米德
> 莎士比亚
> 米开朗琪罗

---

[1] 约翰·贝里·霍布斯爵士（John Berry Hobbs，1882—1963），又名杰克·霍布斯（Jack Hobbs），英国历史上第一个获颁爵士勋衔的板球选手。——译者注

拿破仑（队长）

亨利·福特

柏拉图

贝多芬

杰克·强森[1]

耶稣基督

埃及艳后

　　板球比赛给哈代这名观众呈现了"无用之美"，这种美也是哈代在自己的定理中一直追求的。无用的美在于目标单一，即仅为追求自身的极致。哈代也常常亲自下场比赛，在对方的夹击下，看着红球朝自己飞来。看球和打球这两种体验都使哈代在数学上获得了对秩序、规律和均衡的敏锐性。

　　一场顺利的板球比赛甚至堪与一曲和谐悦耳的音乐相媲美。赛场上的紧张感犹如歌曲中此起彼伏的旋律，但在赛场上和在音乐厅里，人们对时间的感知却是不一样的。5 天的赛事会因张弛有度而引人入胜，而音乐每个部分的时间长短却早已在音符间写定。**独一无二的节奏感，也是数学之美的重要体现。**

　　17 世纪的德国哲学家兼数学家戈特弗里德·莱布尼茨（Gottfried Leibniz）就写道，音乐的乐趣在于可以使人进行"无意识的计数"或"无从察觉的计算练习"。我猜莱布尼茨的意思是，我们会直觉地获取藏在音乐里的数字比例。听众每时每刻都会在脑海中整理不同音符之间的关系，就好像它们是以一张全景图排列在我们面前的一样。虽然这种对音乐的"获取"是在一瞬间发生的，但这段体

---

[1] 全名杰克·亚瑟·强森（Jack Arthur Johnson，1878—1946），非裔美籍拳击手，曾多次拿下重量级世界冠军。——译者注

验仍是很美妙的。

　　说到音乐之美和数学之美两者的关系，我们可以参考古希腊思想家、哲学家、数学家、科学家毕达哥拉斯的著作。据说毕达哥拉斯有一对音乐家的耳朵，自小就展现出对里耳琴[1]的天赋。

　　毕达哥拉斯发现，最和谐的音符来自完美的比例。例如，按在一根正在震动的弦的 1/2 处，或将这根弦延长至原来的 1 倍，你就会得到一个八度音（比例是1：2 或 2：1）；按在弦的 1/3 处或将弦延长 3 倍，此时你就会得到纯五度音；要想得到纯四度音，你只需按在弦的 1/4 处或将弦延长 4 倍。毕达哥拉斯发现，所有音乐都离不开前 4 个整数及其相互关系。他最崇拜的数字是可以统一一切的10，因为 10 正好是前 4 个整数的和。

　　古罗马神学家希波里图斯（Hippolytus）说，毕达哥拉斯曾表示宇宙是会唱歌谱曲的，而"他也是第一个将行星的运动以有节奏的旋律表现出来的人"。毕达哥拉斯甚至还试图将这舒缓的宇宙音乐演奏给他的门徒听。他会在清晨用里耳琴唤醒大家，也会在傍晚再次演奏，"避免令人烦躁的思绪一直在门徒的脑海中萦绕不去"。

　　我们可以很容易地从毕达哥拉斯的里耳琴联想到爱因斯坦的小提琴。爱因斯坦曾在一次访谈中提道："要是我不当物理学家，应该就会去当个音乐家。音乐寄托着我的梦想。我常从音乐的角度来审视人生，我发现，我人生中大半的喜悦，都来自音乐。"在许多旅途中，爱因斯坦都带着琴盒，但他很少于人前演奏，

---

[1] 古希腊时期的乐器，形状似小型竖琴，音色也与竖琴相似。——编者注

我们也很难知道他是否可以靠音乐糊口。不管怎样，爱因斯坦对音乐的热爱是可敬的。虽然数学定理和音乐之间有着相似之处，但两者绝不能混为一谈。即使爱因斯坦有着异于常人的数理能力，这也并不能说明他一定能成为出众的音乐家，但毫无疑问，这种能力强化了他对美的感知力。

×

如果数学是决定板球和音乐是否和谐的基石，那么数学之美也是魔术表演的关键。自我还是个小孩时，就对扑克牌、会飞的手帕，以及能变出兔子的礼帽深深着迷。那些魔术场景曾深深触动过我幼小的心灵。

几年前的一个晚上，我在伦敦观看了一位青年魔术师的表演。当天观众席爆满，我坐在走道边的一个位置上，从我坐的地方能很好地看到舞台。舞台上光影交错，明与暗的绝佳配合让魔术师能更好地展现魔术的魅力。

人们为了种种原因来观看魔术表演。有些是为了剧场效果，有些是为了表演者的笑料，而吸引我的，是一份期待感。正是这份期待感，让魔术师的表演在我眼中就像造型优美的方程式一样，有一种独特的美。

我期待的并不是魔术的结果或"效果"，而是手法。虽然每个表演者所使用的手法大异其趣，但每个读心术或把美女切成两半的魔术，看起来都差不多。让汤匙飘在空中或让自由女神像消失的手法有几十种甚至上百种，这就好像有无数种来自业余人士的证明勾股定理的方法一样。不过，其中很少有证明方法或魔术手法能通过爱因斯坦对美的检验标准。真正的美，是会让人惊艳的。

**无论是数学还是魔术，要想使人们产生意想不到的感觉，都需要"表演者"**

**全神贯注、谨小慎微。**只要稍有不慎，每个步骤都可能让数学理论或魔术技巧变得笨拙不已、丑陋不堪。

有种说法是，魔术师会煞费苦心地向公众隐瞒自己的手法。事实上，只有拙劣的手法才需要花精力隐瞒，精巧的魔术手法会因为自身的美而不被人发现。我们不妨将这规则称为"上佳技巧，落落大方"。

我在伦敦看的那场魔术表演就很能说明这一点。一位看起来羞怯的女观众被邀请到舞台上。舞台的中心有个基座，上面放着一个玻璃碗，碗里有许多颜色各异的大纽扣。魔术师告诉观众，碗里总共有 100 颗纽扣。按照指示，这位女士把手伸到碗里，抓出一把纽扣。接着她将纽扣放到一个盘子里，并用一块布盖住。魔术师走到盘子前，掀开布的一角看了大约两秒，然后转向观众，说："74。"

女士开始数盘子里的纽扣，这要花一点时间。大约一分钟过后，她按下了结束铃，脸上满是惊讶。盘子里的确有 74 颗纽扣。观众都为之惊呼，随之爆发出雷鸣般的掌声。"数纽扣"是整场魔术的一大亮点。

我猜有些观众是为魔术师那超自然的心灵感知能力而鼓掌的。能在两秒内正确数出 74 个纽扣，的确有两把刷子。神经学家说，大脑在一瞬间的计数能力，即数字直觉力一般不会超过 4 或 5。在不同的人之间，这个数字并没有太大差异，即使是受过训练的人（如数学家）或是神经突触功能异常的人（如患有自闭症的天才），情况也都大同小异。在两秒内，即使是久经练习的人最多也只能数出 8 颗或 10 颗纽扣，不可能再多了。

我无法解释这个魔术，我决定用想象力来探索这一魔术。

一个人要如何在极短的时间内，数出相对大量的东西？那天晚上我辗转反侧，一直被这问题困扰着。后来我做了个梦，梦到了闪闪发亮的玻璃碗、超大的纽扣和那个托着盘子的害羞女士。我认真地反复观察着，但什么都没发现。

隔天早上我醒来，觉得神清气爽、头脑清明。昨晚在睡梦中我已经默默解开了谜团。魔术师的每个步骤，从头到尾，都有其意义。我是否看穿了魔术的机关呢？我不敢说。答案虽简单明了，但我不确定魔术师一定是这么做的，而且这只是我自己的想法。那天早上，我的情绪突然高涨起来，我甚至想像阿基米德那样跳起来大喊："我发现了！"很有可能我真的发现了。我觉得自己就像成功证明了什么的数学家一样，陷入了突如其来的狂喜。

此前，我在脑海中进行了各种推演，最后我的思绪停留在了某个我每天都用的东西上：厨房秤。回到之前的问题：一个人要如何在极短的时间内，数出相对大量的东西？答案一目了然：用秤！如果每个纽扣的重量都是一克，而且玻璃碗的下方其实藏着一个磅秤呢？在那位女士从碗里取走 74 个纽扣后，后台某个显示屏的读数就会从 100 变成 26。接下来只要把这结果通过耳机或是某种预先安排好的信号传达给魔术师即可。这样一来，虽然这魔术只牵涉最简单的减法，但其给人的感觉却是魅力十足的。

$E = mc^2$

数学的美是纯粹的，也是我们能在球赛、音乐和魔术中找到的。它就像谣言或渴望般一直萦绕心头，暗示着我们要不断深思和发掘意义。我们会不断回头去寻找：因为亘古长存，所以美丽动人。我们也因此而获得了改变。

不管是魔术难题还是数学难题，都是美妙的东西。没有难题，就没有思考，我们也无法欣赏到迷雾驱散后的喜悦之光。当然，爱因斯坦的方程式充满了美妙的特质。$E=mc^2$（能量等于质量乘以光速的平方）就解答了许多难题，例如光的行为，这其中大多数正是其他科学家没能参透的。

$$\times$$

我在谈数学之美时，几乎很少涉及数字。当然，有关数字也有许多美的难题。我个人对数字之美的体验，可以用一个乘法算式来说明：473×911=430903。这答案乍一看可能平淡无奇，但镜像出现的 3 和 0，提醒我其中也许隐藏着某些东西。请再仔细看看这答案，可以看出：903-430=473。从这个角度来看就很有意思了。如果我们将乘法算式稍微改变一下，让它变成 473×910，那么答案会是 430430。这让我不禁自问：怎么可能？我们再回头，拆解被乘数和乘数：473=43×11，910=7×13×10。把这些数字重新排列组合，你就会发现，第一个乘法算式的答案，即 430903 刚好等于（430×1001）+（43×11）。

数字之美可以进一步在质数中找到。以 75007 为例（这数字碰巧是一个相当时髦的巴黎邮政编码），这个数能不能被其他数整除，换一种说法，它是不是质数？这个问题看起来很简单，但事实上却很难回答。和前面的乘法算式一样，我们得多加尝试，才能得到结果。

先假设 75007 不是质数（这个概率相对大些），也就是说，我们可以找到一些比它小的数字来整除它。可以确定的是，这个数不是偶数，所以不能被 2（最小的质数）整除。此外，75 可以被 3 和 5 整除（2 之后的两个质数），但 75007 不能。不妨将 75007 想象成一条长长的街道上的一栋房子，从它往后第 68 栋房子，即 75075 可以被 1001 整除（也就是说 75075 也可以被 7、11 和 13 整除）。但 68 只能连续除 2 两次，之后得到的便是质数 17。

想象一位奋笔疾书的数学家，正试着对 75007 做因式分解。问题有点棘手，他一时无法解决，于是起身开始踱步，在那条虚拟的、门牌号众多的街道上游走。突然，有个想法袭来：75007 可以表示为 74900+107 或 10700×7+107，更精确地说是 107×100×7+107。数学家一时热血沸腾，找出了那个重复的因子：107。在一张纸片上，他沙沙写下：75007=107×701。

人类对意义的追寻是永无止境的。意义缺失有违我们的心智，同时不管问题有多难，解决方法都应该是美的。爱因斯坦的方程式解决了诸多问题，如时间和质量的关系到底是什么。数学家会告诉我们，75007 表示从 0 号走到 107 号，然后将这个距离重复 701 次。其他意义，像我们在音乐或板球中获得的，可能舒适怡人，也可能难以描述，但都一样有力。**美能平息混乱，避免专横，美好的事物会永远在那里，与我们相伴。**

我记得有个下午，在朋友的度假屋。我们刚从附近的山上快走回到住处，又饿又累。其中一位朋友打开了一台小收音机。我们在客厅里分散坐着，望着海景，心不在焉地边听广播边聊天。广播里主持人正在读当周听众寄来的信件。就在源源不断的赞美和抱怨信之后，他读了一段由一位忠实听众提出的问题：

> 有个独特品种的睡莲每天都会长大一倍。如果在第 30 天它覆盖了整个湖面，那么它是在第几天覆盖了半个湖面？

我们放慢了讨论的速度，然后很快又恢复了正常。某人关掉了收音机。我对面那位朋友的表情渐渐凝滞了，她的话语也开始变得简短、难以捉摸。大家都在各说各的，所以没人注意到她的变化，似乎大家都把睡莲的问题抛到了脑后。

几分钟后，那位朋友转向窗户，望着窗外缀满花朵的丘陵，眯起了她的蓝眼睛。厨房传来的噪音充斥着整间屋子，一会儿是茶杯叮当碰撞的声音，一会儿又是开水壶尖鸣的声音。那位朋友的腿无意间碰到了餐桌，她一直没碰的茶杯颤抖起来。

突然，她又恢复了生机。"29。"她说。接着便笑开了。如果睡莲的大小每天都会翻倍，那么往回推算的话，每天都会减小一半。如果第 30 天是 1（也就是一整个湖面），那么第 29 天便是 0.5，第 28 天是 0.25，第 27 天是 0.125，以此类推。

我的朋友说，那一刻她深为震撼，答案就这么突然出现在她的脑海里！那一刻，我知道我的朋友已经领略了数学那令人震惊的美。

**15** 小说家的微积分

托尔斯泰说，世界历史是小人物的历史。然而列夫·尼古拉耶维奇·托尔斯泰本人却是位"巨人"。他身高 1 米 8 左右，比与他同时代的大部分人都高，此外，他的身形也很强壮，甚至可以单手举起八十多公斤的重物。平时托尔斯泰喜欢在身上套一件农民的罩衫，再用一根腰带束紧腰腹。与他健硕的身形相符，他的自负言论也不计其数。托尔斯泰大力谴责史学家对伟人溜须拍马的行为，这和当时的很多主流思想截然相反。《战争与和平》中就有一千多页内容在表达托尔斯泰的观点，而托尔斯泰最常使用的武器正取自数学。

微积分在托尔斯泰的时代并不算是新奇的东西。它的"发明者"是牛顿和莱布尼茨，两人在 17 世纪后期将这个古希腊的理论更加精炼化。正如几何学家研究的是图形，微积分的学者研究的则是变化：从数学角度探索一个物体如何从一种状态转变为另一种状态，比如用图表曲线将一个球或子弹在空间中的运动轨迹图像化。这些平滑精细的曲线汇聚了人类世界的每一种微小运动，托尔斯泰则认为，他从中看到了同时代史学家的无知。

托尔斯泰不仅有过人的智慧，他的头脑也充满了独特的见解。我想起了他的一些近似古怪的说法，例如，将达尔文学说斥为"短暂的时尚"，将婚姻斥为"合法的通奸"。根据切斯特顿（G. K. Chesterton）后来的描述，托尔斯泰常邀请成群的追随者来到他的家中，追随者中无论男女老少，都裹着床单，穿着树皮凉鞋，在他之后亦步亦趋，倾听他的每一句讲说。作为小说家，托尔斯泰对历史最为大胆、最有创意且最具颠覆性的观点是：历史类似微积分。

《战争与和平》通篇充斥着这种观点，这也使得该书有些部分就好像是檄文写手所写就的一样，激烈紧张。而这恰巧也是现代读者最想直接跳过的部分，不过，这些不够用功的读者可能却会因此错过托尔斯泰作品中的重要基石。

> 由无数人类的肆意行为组成的人类运动，是连续不断的。了解这一运动的规律，是史学的目的……只有采取无限小的观察单位——历史的微分，也就是人的共同倾向，并且运用积分的方法（就是得出这些无限小的总和），我们才有希望了解历史的规律。[1]

✕

**托尔斯泰将微积分定义为"现代数学的一个分支"，并称它已经具备"处理无限小之事物的艺术"。**微积分为托尔斯泰提供了一个新的领域，让他得以表达他与许多史学家的分歧。托尔斯泰谴责了史学家喜欢将事情简单化的倾向。这些史学家闯入战场，进入议会或去到广场，然后喊道："他在哪里？他在哪里？""你问的是谁？""当然是英雄！领导者，创造者，伟人！"找到"他"之后，

---

[1] 节选自《战争与和平》，列夫·托尔斯泰著，刘辽逸译，人民文学出版社，2015。本书之后节选自《战争与和平》的内容，均出自这个版本。——译者注

史学家们便立即对这个英雄的同僚、军队和顾问不管不顾。他们闭上眼睛，把他们的拿破仑从烂泥、浓烟和人群中抽离出来，并惊叹于这样一个人是如何在这么多场战斗中占上风，并掌握整个欧洲大陆的命运的。托马斯·卡莱尔（Thomas Carlyle）在 1840 年谈到拿破仑时说道："这人有着一双敢于发现的眼睛和一个勇于挑战的灵魂。他生而为王，所有见过他的人都会这样认为。"

但托尔斯泰的看法不同，他宣称："国王是历史的奴隶，人类在无意识的群居生活中把国王生活的每一刻都当作达成自己目标的工具。"**托尔斯泰对国王、指挥官和总统不感兴趣。他看历史总是着眼于别处，将重点放在从一种状态（和平）到另一种状态（战争）不断渐进、难以察觉的变化上。**

史学家们说，可以用杰出人士的决定解释历史上所有的重大事件。而托尔斯泰这位小说家认为，这种想法恰恰证明了他们无法掌握众多无限微小的行动会产生蝴蝶效应这一事实。出于理论和"原因"的需要，史学家往往会优先考虑一系列事件，并将其与其他事件分开来研究。为什么突然间拿破仑统治下的法国会和沙俄爆发战争？是什么驱使了那数以百万计的平民突然间开始互相残杀？一位史学家说，拿破仑是他自命不凡和狂热举动的受害者。他放纵自我，变得肥胖和喜怒无常。伴随着连续的战斗胜利，他不可避免地会认为自己是不可战胜的。不，不，另一位史学家说，你忘了沙皇亚历山大是多么懦弱和胆小吗？这样的软弱肯定会招致别国的军事打击。还有观点认为，欧洲长期的经济禁运使得不同国家间关系紧张。据说拿破仑本人在快要离世时，还把战争归咎于英国人的阴谋。

当然，并非所有这些"原因"都是正确的，有些甚至是相互矛盾的。拿破仑入侵俄国的决定要么是出于冲动的本能，要么是经过精打细算（针对俄国的弱点）和深思熟虑（让他的部队忙碌）的；或者要么是俄国的软弱引起了法国军队的注意，要么就是拿破仑的狂热让他自以为对方是个可以捏的软柿子；抑或者要么是法国主动挑起的战争，要么是英国的干涉引发的战争。

作为一个生活在法国的英国人，我明白每个国家都是这样为自己找理由的，并且还会以令人信服的方式将其载入自己的史册。在英国，拿破仑的名字是暴政的同义词，是小喜剧演员不切实际的幻想。在法国则正好相反，拿破仑是一位代表新共和国和欧洲敌对的君主政体对抗的革命者。而托尔斯泰笔下的"小手上带着白手套"的胖子拿破仑，自然便是俄国人眼中拿破仑的形象。

托尔斯泰所设想的拿破仑至少有一个重要的美德：他知道要避开他的士兵，不踩任何人的靴子，以合乎礼数的姿态扮演指挥者。然而射击搏杀、倒地呻吟和流血牺牲的是士兵们，他们才是构成法兰西帝国军队的绝大多数，但他们没有办法发号施令。命令是从士兵上面的军官那里传来的，军官的命令又是从他们的上级将领那里接到的，而这些将领则又听命于总司令部。最重要的命令总是来自那些最少参与实际行动的人。因此，这些命令中的大多数，都与当时"真实战场"的情况不符，当这些命令最终被层层传达至军队时，自然也不会被认真执行。托尔斯泰认为，拿破仑入侵俄国，只能说明他的成千上万条命令中，正好有少数几条符合 1812 年法国和俄国两国的大环境。

这些"真实战场"究竟是怎样的？正如小说中的微积分比喻所暗示的一样，它们是由无数无穷小的事件构成的。在某个特定的时刻，在某个地方，成千上万人的愿望和意图临时凝聚在了一起。托尔斯泰曾这样描述俄国一个偏远地区的生活[1]：

---

[1] 以下节选自《战争与和平》。——译者注

博古恰罗沃郊区所有的大村庄，都是属于官方和收代役租的地主的。很少有地主在这一带地方常住，家奴和识字的农奴也极少，在这一带农民的生活中，那种俄国人民生活的神秘潜流比其他地方来得明显而且强烈，当代人对这些潜流的原因和意义无法解释。二十年前这个地方的农民曾发生过一次向某些温暖的河流迁移的运动，就是这些潜流中的一个表现。成百上千的农民，其中也有博古恰罗沃的农民，忽然卖掉牲口，带着家眷向东南进发。就像一群鸟飞向海外某个地方一样，这些人带着老婆孩子向着他们之中谁也没去过的东南方向奔流。他们成帮结队地出发，一个个地赎身，逃跑，或坐车，或步行，朝着温暖的河流走去。很多人受到了惩罚，被流放到西伯利亚，很多人在途中冻死，饿死，很多人自动转了回来，这场运动就像它的开始一样，看不出其中有什么显然的原因，就自然而然地平静下去了。但是这股暗流在这帮人中间并没有停止，而且在积聚着新的力量，当它爆发时也是那么奇怪，突如其来，而且也是那么简单，自然，有力。现在一八一二年，跟这帮人接近的人看得出，这股暗流正在加紧酝酿，离爆发的日子已经不远了。

托尔斯泰相信，同时代史学家没有注意到这些人民生活中的"潜流"。他们忽视了历史海洋的波涛汹涌，只看到了被他们称为"原因"的潮汐，但却没意识到这些潮汐正出自大海深处。某位史学家看了这两种情况：一个名叫拿破仑的人性格十分鲁莽；6个月后莫斯科遭法军围困。于是便断言这两者之间有关系，即因为一个叫拿破仑的人的一时冲动，成千上万的莫斯科人背井离乡，一支支大军命丧黄泉。或者，这位史学家也注意到，在利物浦和伦敦，发生了由于面包短缺而引起的局部骚乱，同年，大批俄国军队就击退了法国军队。所有说法，一个比一个精致，一个比一个巧妙，但它们都是以将英国城市的暴乱喧嚣，与后来在博罗季诺（Borodino）发生的屠杀和纵火等事件串联起来为目的。

$$\times$$

诚然，要想逐个分清战争爆发的原因是很难的，我只能对这些历史理论进行大致的估量，因为它们比我们想的要复杂得多。史学家们说，这个叫拿破仑的人的性格只是一个原因，而像利物浦这样的城市的面包短缺则是另一个原因。通常人们会找到第三、第四或第五个原因来补充第一和第二个原因。尽管如此，托尔斯泰仍坚持他的观点。他认为，史学家会本能地采用一种有缺陷的方法，因为一场大规模的冲突不可能简单归咎于寥寥几个原因，正如船只的航线并不可能会被简单的几个浪花左右。再比如，在法国和俄国的港口之间有无数个节点：为什么要把第 15403 个点，或者第 71968 个点，说成是船只到达终点的主要原因呢？

这就好比你去询问一个饱经风霜的老人："你是在生命中的哪一个小时受到打击的？""你问什么打击？""当然是使你遍体鳞伤的那种打击。"显然，这样的问题毫无意义。时间的侵蚀是渐进而持续的。那么这位老人会怎么回答呢？他可能记得，在 1968 年一个特别炎热的夏日夜晚，他从床上滚下来，摔断了大腿。也许他会在又一次闻到刺鼻的肥皂沫味时，想起在 20 世纪 40 年代，当他还是个孩子的时候，洗脸用的就是这种肥皂。他和孙子在 1997 年玩过的一个游戏可能也会出现在他的脑海里，他记得当时有一个硬橡胶球不小心击中了他的下巴。但是，这些事件中的任何一个，甚至所有这些事件，都不能真正帮助我们了解这位老人的现状。

> y=f(x) ⋯⋯⋯⋯⋯ 变化对我们来说是神秘的，因为它不可捉摸。除非我们会像事后诸葛亮那样进行不可靠的臆想，否则我们不可能提前看到一棵树长高或一个人变老的样子。一棵树很矮小，后来它长得郁郁葱葱；一个人很年轻，后来他变得老态龙钟；一个

民族处于和平状态，后来却战事频发……其间的经过是无穷丰富且无穷复杂的，这就是为什么我们常常会发出"不知不觉"这样的感叹。

　　因此，即使是堪称戏剧性的变化也可以在我们不知情的情况下完成。一位朋友曾跟我讲过这样一个故事。这位朋友的一个美国女性朋友在南欧继承了一栋房子。这栋房子里有许多精美的家具和艺术品。每年夏天，这个美国人都会飞往欧洲，在这房子里住上几个月。每次，她都会坐在同样的垫子上，欣赏着同样的画作，听着同一座古老落地钟那同样的滴答声。她委托一个看起来忠实的工作人员替她看管这栋房子，所以每当她来到这里时，这房子总是处于干干净净、焕然一新的状态。在她继承遗产的几年之后，她的小妹妹打算来这里住。小妹妹感到很兴奋，因为她听过许多关于这栋房子的好消息，所以很想来看看。但是这种感觉很快就被好奇取代了，接着是困惑，最后是惊讶。大厅里一把别具一格的椅子，若是走近了细看，则是既廉价又摇摇晃晃；如果把挂在壁炉上方的画从画框里拿下来，那么你会发现它竟像普通的纸一样薄；客房里的大理石雕像也散发着明显的塑料气味。假货！姐妹俩疯狂地从一个房间跑到另一个房间，直到把整个房子都翻了个底朝天。每把椅子，每个花瓶，每幅画作，几乎所有的东西，加起来足足超过一百件的东西，不知不觉都被精心地替换过了。那个狡猾的工作人员把房子从主人眼皮子底下一点一点偷走了。

　　托尔斯泰说："我们不知道为什么会发生战争和革命。**我们只知道，人们都是以某种形式结合在一起，参与到每一个行动中的。**"驱使人类行动的是什么？托尔斯泰说，不是统治者的权力，也不是思想的力量，那种驱动力是难以言喻的，是无形的。

　　史学家似乎有一个假想，认为这种力量是不问自明的，是人人皆知的。尽管满心想承认这种力量是已知的，但是，任何一个饱读史籍的人都不禁要提出疑问：连史学家对这个新的力量都众说纷纭，怎么能说人人皆知呢？[1]

这股力量与每个人，无论是卑微的农民卡拉塔耶夫还是皇帝拿破仑，都密不可分。它是莫斯科人在突然面对外敌入侵的巨大威胁时从心底涌出的爱国主义情怀；它是当法国士兵的目标，即与指定的"敌人"在莫斯科正面对抗变得无法实现时，促使他们逃离战场的"催化剂"。在《战争与和平》里，王子瓦西里·库拉金（Prince Vasili Kuragin）说，这是"习惯的力量"，这股力量甚至可以让他说出他自己都不愿意相信的话。

托尔斯泰建议史学家对这股力量给予更多的关注，而不是将事情仅归因于某种原因。莫斯科大火曾被史学家解释为俄国人的防御策略（所谓的"焦土"政策）或法国入侵者的野蛮报复，其实用其他方式，也可以对它加以诠释。

> 由于居民逃走，莫斯科必然烧掉，正像一堆刨花，一连几天老往上面落火星，必然烧着一样。一座木建筑结构的城市，即便房屋主人和警察都在的情况下，夏天几乎每天都有火灾，而城市没有居民，只有驻军、军队吸烟，在枢密院广场用枢密院的椅子生起篝火，一天煮两顿饭，在这种情况下，不可能不失火。[2]

---

[1] 节选自《战争与和平》。——译者注
[2] 节选自《战争与和平》。——译者注

×

　　《战争与和平》在 19 世纪 60 年代首次出版时，在读者群体中引起了巨大反响。屠格涅夫谴责这些历史的反思是"骗术"和"傀儡喜剧"，福楼拜更是认为它们乏味至极。史学家诺洛夫（A. S. Norov）针对这部书发表了一篇题为《托尔斯泰对历史的篡改》（*Tolstoy's Falsification of History*）的评论。另一位史学家卡里耶夫（Kareev）则抱怨说这位小说家简直是想彻底否定历史。一个半世纪后的公元 2000 年，一位俄罗斯出版商编辑并出版了《战争与和平》的初稿，声称初稿里根本没有那些麻烦的玩意儿："（全书）只有我们常见版本的一半长，里面没多少战争，更多的是和平。没有那么多跑题的哲学观点或令人费解的法语，并且故事还有一个美满的结局。"

　　相较而言，数学家更能接受这本书。托尔斯泰的数学家朋友乌鲁索夫（Vrusov）对书中微积分的类比表示十分欣喜。斯蒂芬·埃亨（Stephen T. Ahearn）在 2005 年为美国数学协会撰写的一篇文章中，称赞托尔斯泰的数学隐喻既"丰富"又"深刻"，并鼓励数学老师在课堂上借鉴一二。

　　那么，我们能得出什么结论呢？还是说我们必须得有个结论？毕竟，如果托尔斯泰是对的，那么就像历史上发生的所有事件一样，他的书也不能仅用先前的假设、规则和理论来理解。**每件事都有它发生的时机和背景。**早些时候，你在一种状态下开始写这篇文章，最后却又在另一种状态下写完，你觉得这其中有什么意义？我也说不清。对每一个人和每一件事来说，变化产生的过程总有它自己的意义。

在睡梦中，我走过路，说过话，却从来没写过字。冰岛作家吉迪尔·埃利亚松（Gyrðir Elíasson）在短篇小说《深夜写作》（Nightwriting）中描写了一个熄了灯就文思泉涌的角色。这个角色在做梦的同时，会拿起放在床头柜上的笔记本，写下词语、句子，甚至整篇故事。

> 和之前的每个白天一样，他什么也写不出来……但一到晚上他就写得出来了，几乎每天晚上他都写……他的妻子知道不该叫醒一位"梦游作家"，所以她只能躺在床上，看着他的后背，看他如何在膝上的笔记本上信心满满地写作。

埃利亚松的这个故事让我灵光一现，我认为这与面对无穷有关。**每一本成文或不成文的书中都蕴含着无穷，包括"人生之书"，里面包含有构成我们每一天的无穷多的潜在组合。**作者如何从无数想象得到的可能性中选出正确的词、正确的短语、正确的图像？每个人又是怎样想象出一种新的可能性，重新配置选项来构成另一种命运呢？

睡一觉再说吧。何不这样做？我们的梦中包含着无穷，语言、图像和情绪不受限制地在我们的脑海中自由流动与结合。几个世纪以来，潜意识创作出了许多顶尖级的文学作品，歌德和柯勒律治只是运用潜意识创作的两个代表。

梦能使我们趋于无限，可梦却常在破晓时分蒸发殆尽。醒来的我们只记得蜜雨阵阵，歌声悠长；这儿的一只鼻子，那儿的一个笑容；一丝颤动的悲伤或闪现的快乐，一种暗涌而旖旎的空虚。就像对一本书或者对生活，解释要从哪里开始？梦没有开始，所以也没有过程或结束。

我梦见自己走进了一所房子，发现里面的人都躺在地上。躺着，但却在谈笑风生、把酒言欢。躺着而不是坐着。就像一本我没读过也没写过的书中的场景。有多少这样的场景占据着我们的梦、我们的生活或是我们所读的书籍？无穷无尽。

✕

正如埃利亚松笔下的"梦游作家"，安东·契诃夫在他整个非凡的职业生涯里，也曾忠实地撰写过一小本笔记，虽然我们可以假设，契诃夫主要是在醒着的时候撰写的。这些笔记满是他对日常生活细枝末节的观察，保留着他对"普通"生活中无穷组合的粗略探询。

"不是床单，是脏桌布。"

"除了其他东西，旅馆老板保存的账单上还有：'虫子——15戈比。'"

"如果你希望女人爱你，不走寻常路就好。我认识一个不论冬天和夏天都穿毛毡靴的男人，结果女人们都爱上了他。"

这种无穷的可能性对契诃夫的许多故事都有所启发。在《彩票》(*The Lottery Ticket*)中，一对中产阶级情侣设想了中奖后可能的人生。

> 可能交上好运的想法弄得他们晕晕乎乎……"要是我们真的中了彩，那会怎么样？"他说，"这可是崭新的生活，这可是时来运转！"……他开始浮想联翩，那画面一幅比一幅更诱人，更富于诗意。在所有这些画面中，他发现自己都大腹便便，心平气和，身强力壮，他感到温暖，甚至嫌热了……"对，买上一座庄园就好。"妻子说，她也在幻想着……伊凡·德米特里奇收住脚，望着妻子。"我，你知道，玛莎，想出国旅行去。"他说。于是他开始构想：深秋出国，去法国南部，意大利，或者印度，那该多好啊！[1]

半个世纪后，契诃夫的同乡，另一位早熟的笔记撰写人弗拉基米尔·纳博科夫(Vladimir Nabokov)，用两种字母和三种语言（俄语、法语和英语）创作了他的小说。在一个空白却有声有色的空间里，字谜、双关语和新词不断涌现。纳博科夫将故事写作比作拼拼图。

> 现实是非常主观的……可以这样讲，你可以离现实越来越近，但你永远无法足够接近它，因为现实是由无尽延伸的阶梯、感知层次和虚假底线构成的，因而永不可捉摸。你会了解得越来越多，但你永远不会了解一切。永无可能。

纳博科夫的小说既像拼图又像梦，故事都是非线性发生的。他经常最后才写

---

[1] 节选自《变色龙：契诃夫中短篇小说集》，契诃夫著，冯加译，译林出版社，2011。——译者注

故事的中间部分，第 8 章的写作时间可能比第 7 章或第 3 章的还要早。纳博科夫经常会倒着写新故事，比如先把最后的情节写出来。

　　纳博科夫最负盛名也最富争议的小说《洛丽塔》，便诞生于一大摞 8×13cm 的索引卡。纳博科夫首先勾勒出了故事的结尾场景。而在之后的卡片上，他不仅写下了成段的情节描述，还记下了他对场景的想法及很多其他的零碎细节。其中一张是关于年轻女孩平均身高、体重的数据统计，另一张是某个自动点唱机的歌曲列表，再一张是一把左轮手枪的图示。

　　每隔一段时间，纳博科夫就会重新排列索引卡的顺序，寻找最棒的场景组合。排列和组合可能得到的情况总数将是巨大的，比如，用纳博科夫的上述 3 张卡片就能得到 6 种不同的排列方式：（1,2,3）、（1,3,2）、（2,1,3）、（2,3,1）、（3,1,2）、（3,2,1）。而 10 张卡片（相当于一本书 2 到 3 页的内容）能够得到的排列方式则超过 350 万种，仅撰写 4 到 5 页（约 15 张索引卡）就需要从大约 1.3 万亿种可能性里做选择。《洛丽塔》共 69 章，超过 350 页，也就是说它可能的版本数量甚至超过了构成我们宇宙的原子数，到达了我们几乎无法想象的地步。

　　当然，《洛丽塔》的很多潜在版本根本不可行，但是在那些或扑朔迷离，或没头没脑，抑或愚不可及的版本中，一定有读得下去的可能性。这种可读的版本有多少？有 100？1000？100 万？还是比这多得多？出版社可以出版足够多的版本，让地球上的每位读者都拥有自己的《洛丽塔》。可能在其中一个版本中，那句最著名的开篇词"洛丽塔是我的生命之光，欲望之火，同时也是我的罪恶，我的灵魂"[1]将出现在第 2 章开头的部分，也许会与那句"我的那位很上相的母亲

---

[1] 选自《洛丽塔》，弗拉基米尔·纳博科夫著，主万译，上海译文出版社，2013。——译者注

在一桩反常的意外事件中（在野餐会上遭到电击）去世了"[1]调换位置。而在另一个版本中，原本的开篇词会出现在第 117 页的最上方，而这一个版本的开篇词是"我在天空里看到她的脸，异常清晰，仿佛放射着它自身微弱的光辉"[2]。到了下一个版本，原来的开篇词则又出现在了故事的末尾。

据我所知，其中一些不可思议的版本已经出版了，且每个版本都有着微妙但惊人的不同。也许这可以解释为什么《大西洋月刊》的评论员会说这本书是他"读过的最有趣的严肃小说之一"。此外，《洛杉矶时报》称《洛丽塔》是"小篇幅巨作……一本近乎完美的漫画小说"。《纽约时报书评》也评论道："从技术上来说，它太精彩了……幽默是关键。"而金斯利·艾米斯（Kingsley Amis）则称，他读了一本"沉闷、愚蠢又不真实"的书，《纽约时报》撰稿人奥维尔·普雷斯科特（Orville Prescott）也感觉这故事"沉闷，沉闷，太沉闷了"。

他们读的是一个版本的《洛丽塔》吗？

正是作家和读者共同造就了无穷的故事。阿根廷作家胡利奥·科塔萨尔（Julio Cortázar）在他的一部小说中便明确了这一原则。《跳房子》（Rayuela）出版于 50 年前，在《洛丽塔》之后不久。它有 155 章（超过 550 页），可以通过两种不同的方式阅读。读者可以从第 1 章开始，按顺序读到第 56 章结尾（尽管有些章节仍然被公认是"冗余的"）；或者从第 73 章开始，再回到第 1 章，然后是第 2 章，接着跳到第 116 章，然后回到第 3 章，紧接着去到第 84 章……就这

---

[1] 同上页注。——译者注
[2] 同上页注。——译者注

样根据"指南"，在各章之间来回跳着阅读。

就在该作品"冗余"的章节里，科塔萨尔描述了这本书的目标：

> 普通小说似乎缺乏独特性，因为这些小说把读者限制在了既定的
> 轨道上。定义越清晰，写小说的人往往就会被认为越优秀。在这些小
> 说中，不同程度的戏剧性、心理活动、悲剧性、讽刺性或者政治性中
> 都带有不可避免的拘束感。试着换个角度，写一篇不会囚禁读者，但
> 会迫使读者成为"同谋"的小说，让文本主动去向读者悄悄传达那些隐
> 匿在惯常形式下具有更深层奥义的指示。

作为科塔萨尔的"同谋"，我们在巴黎街头和小说里的英雄（一名阿根廷裔
的波希米亚人）一起思考着自己的生活和有着无穷种可能性的人生走向。我们要
么从第 1 章开始读，问道："我会找到魔术师吗？"要么从第 73 章开始："是的，
但是谁能将我们的空虚之火熄灭？每当夜幕降临，那全无颜色的火焰便会蔓延至
乌夏特古街……"

翻动书页，阅读不同的故事。比如，从第 1 章开始的读者将会很快在第 4 章
读到："（她）从人行道旁拾起一片树叶，朝它说了一会儿什么。"然而，对另一
位读者来说，"第 4 章"实际上是故事的"第 7 章"。在这一章读者会读到："我
一直想着我看不到的那些树叶、收枯叶的人，我也想着有那么些存在着、可这双
眼睛看不到的东西……一定有我永远看不到的树叶。"此类着墨丰富了这一位读
者对这位女士的理解，而这位女士在不久之后将从人行道旁拾起一片树叶并与之
对话。

以这种方式阅读的后果就是迷失方向。这种跳跃式阅读，不会让读者有任何

读完书的感觉。早在读者对故事得出任何结论之前，就已经读完了那本书最后一页的最后几行。等读完"第153章"（实际上的第131章），继续读下一章（实际上的第58章）时，结果却发现他得再读一遍"第153章"。于是，两个"终章"之间的无休止循环出现了。不仅如此，假设该读者有心计算，那便会注意到按他的顺序阅读的章节总共有154个，其中一章，也就是"第55章"，没在清单上。

《跳房子》的结构要求读者自己想明白故事的来龙去脉。有人可能决定连续阅读章节，但要将章节按降序排列，即从第155章开始依次往下阅读。另一个人决定在读奇数章节之前先阅读所有偶数章节：2、4、6、8……；1、3、5、7……。第三个人与前一人类似，不过是先读奇数章节，再读偶数章节。第四个人只读质数章节：2、3、5、7、11、13、17、19、23、29、31……最后读完第151章（共36章）。第五个人从第1章开始，之后读第3章（1+2）、第6章（1+2+3），然后是第10章（1+2+3+4），如此这般。

13579……就在勇敢的读者终于想明白故事的结尾的时候，另一个故事又使得他拾起书重新开始阅读。升序章节的书变成了降序章节的书，奇数章的书变成了偶数章的书。次次不同，次次有新意，一个人不可能再次读到同一本书。

×

我想起了纳博科夫的观点。他说我们永远无法阅读一本书，我们只能重读那本书。"一个好读者，主流读者，积极而富有创造力的读者，"纳博科夫说，"是一位重读者。"他解释道，第一次阅读总是很费力，因为这是"在从空间和时间的角度学习这本书的内容，而这一过程势必会阻滞我们和艺术之间的交流"。

想想契诃夫无穷多的故事，想想无穷版本的《洛丽塔》和《跳房子》，它们就在每个读者的眼前，但却无人注意，无人爱恋，无人阅读。

福楼拜在给情人的一封信中说道："如果一个人熟知五六本书，那他得有多聪明啊！"在我看来，连这数量都有些夸张。**要想学习无穷多的东西，我们完美地读懂一本书就够了。**

## 17 质数之诗

曾被但丁称赞为"il miglior fabbro"（最佳手艺人）的阿诺特·丹尼尔（Arnaut Daniel），在 12 世纪法国南部的街道上吟诵着他的情诗。关于阿诺特的生平，人们所知不多，但我觉得，把一篇关于吟游诗人的简短而特别的报道与这位诗人发明的六节诗[1]联系起来的想法是很诱人的。

同时代的雷蒙·德·迪尔福（Raimon de Durfort）则将阿诺特称为"骰子学者"。据称，六节诗形态的形成很可能缘于阿诺特对赌博的热爱。众所周知，骰子有六个面，掷一对骰子可以产生 36 种结果，这也是六节诗中六个诗节诗句的总行数。据我所知，以前没有人思考过骰子和六节诗之间的这种联系，也许是因为这种联系不怎么重要，不过我还是想把这留给读者自己去判断。

---

[1] 是一种通过将首节诗句尾词在其余诗节中进行错综重复以营造美妙效果的诗体。六节诗由六节六句和一节三句组成，其要求在其余五个诗节中重复第一诗节的六个尾词，并以三句诗构成的尾节收束全篇。——编者注

✕

　　六节诗不拘泥于韵律、象征、头韵或诗人惯用的任何其他技巧。它的力量源于重复。六个单词，每行尾部各出现一个，交替变换于诗歌的每一节中（在最终节，则是一行两个单词）。每一行尾词变换的顺序都有着复杂的模式。

第一节：1 2 3 4 5 6
第二节：6 1 5 2 4 3
第三节：3 6 4 1 2 5
第四节：5 3 2 6 1 4
第五节：4 5 1 3 6 2
第六节：2 4 6 5 3 1
最终节：2 1，4 6，5 3

　　也就是说，第一节第六行的最后一个单词（1 2 3 4 5 6）将会在下一节的首行末尾出现（6 1 5 2 4 3），并且它也会出现在第三节第二行的末尾，以此类推。我想如果我用但丁的诗来举例，会更加便于读者理解。但丁在下面这首诗里[1]，便用了 shadow、hills、grass、green、stone 和 woman 这六个词作为尾词。

I have come, alas, to the great circle of shadow,

啊，我进入了巨大的阴影之中，

the short day and to the whitening hills,

进入这短暂的一天，攀上那洁白的山丘，

when the colour is all lost from the grass,

---

[1] 由于未找到中译本，此诗为本书译者自行翻译，仅供参考。——编者注

所有的颜色都从草地上消失，

though my desire will not lose its green,

虽然我的愿望仍会长青，

so rooted is it in this hardest stone,

它深深扎根在最坚硬的石头上，

that speaks and feels as though it were a **woman**.

说话的时候，她感觉就像一个女人。


And likewise, this heaven-born **woman**

这个从天而降的女人也是这样

stays frozen, like the snow in shadow,

青春永驻，像阴影中的雪，

and is unmoved, or moved like a stone,

心坚如石，

by the sweet season that warms all the hills,

在温暖的季节里，使所有峰峦

and makes them alter from pure white to green,

从纯白变为翠绿，

so as to clothe them with the flowers and grass.

为它们穿戴花与草的衣衫。


When her head wears a crown of grass

她头戴草叶桂冠

she draws the mind from any other **woman**,

比任何女人都有魅力，

because she blends her gold hair with the green

她把金色的发和绿色的叶混在一起

so well that Amor lingers in their shadow,

爱徘徊在那混合的阴影中，如此美好，

he who fastens me in these low hills,

把我牢牢拴在这矮丘上的，

more certainly than lime fastens stone.

比椴树把岩石拴得还要牢固。


Her beauty has more virtue than rare stone.

她的美貌犹如稀世珍宝。

The wound she gives cannot be healed with grass,

她给予的创伤不能用草医治，

since I have travelled, through the plains and hills,

我穿过平原和丘陵，

to find my release from such a **woman**,

只为从这样一个女人那里得到解脱，

yet from her light had never a shadow thrown

然而，她的光芒之下从未有阴影

on me, by hill, wall, or leaves' green.

投射在我身上，无论在山边、墙边，还是绿叶旁。


I have seen her walk all dressed in green,

我看见她一身绿意地前行，

so formed she would have sparked love in a stone,

所以她会在石头里点燃爱的火花，

that love I bear for her very shadow,

我在对她的爱慕中煎熬，

so that I wished her, in those fields of grass,

所以我希望她，在那片草地上，

as much in love as ever yet was **woman**,

能像其他女人一样充满爱意，

closed around by all the highest hills.

被连绵群山环绕。

The rivers will flow upwards to the hills

河流将向上流往山丘

before this wood, that is so soft and green,

在这片柔软而葱郁的树林前，

takes fire, as might ever lovely **woman**,

像所有可爱的女人一样，爱意灼灼，

for me, who would choose to sleep on stone,

对我来说，谁会选择睡在石头上，

all my life, and go eating grass,

用尽一生，采食青草，

only to gaze at where her clothes cast shadow.

只为望着她的衣衫投下的阴影。

Whenever the hills cast blackest shadow,

每当峰峦投下最昏暗的阴影，

with her sweet green, the lovely **woman**

这可爱的女人，带着她甜美的绿色

hides it, as a man hides stone in grass.

　　隐没于阴影之中，就如男人将石头藏于草地中一样。

　　这首诗弥漫着一股期待的气氛。因为读者知道将要出现什么样的内容，所以这首诗必须创造更多的惊喜。六节诗注重在内容方面下功夫，在不断变化的语境中赋予同一个词新的意义。**数字的规律和模式与作者的自由之间的角逐是永远存在且显而易见的。**

　　艺术家和数学家们都为六节诗的无穷魅力所吸引。数学家玛西娅·伯金（Marcia Birkin）和诗人安妮·库恩（Anne C. Coon）在他们所著的《发现数学和诗歌中的模式》（*Discovering Patterns in Mathematics and Poetry*）一书中，将六节诗的单词循环比作循环数中的数字循环。

　　循环数通常与质数有关。当一个数除以某些特定的质数（如7、17、19和23）时，会产生无限循环的小数序列。例如，1除以7会得到0.142857142857142-857……其中的6个数字，也就是最小的循环数142857仿佛在跳一支永无止境的圆圈舞。

　　如果用任何7以下的数字乘以142857，得到的答案仍然是142857这6个数字的循环排列。

$$1 \times 142857 = 142857$$
$$2 \times 142857 = 285714$$
$$3 \times 142857 = 428571$$
$$4 \times 142857 = 571428$$
$$5 \times 142857 = 714285$$
$$6 \times 142857 = 857142$$

在这个例子中，第一个答案（142857）的末尾数字 7 在第二个答案（285712）的第四位重现，接着又在第三个答案（428571）的第五位重现，以此类推。在每个答案中，每一个数字都在轮换位置，就像六节诗的尾词一样。

六节诗中不存在混乱。每一个诗节的尾词一旦确定就不会改变，而它们所在的位置也早在写诗之前就已确定下来。从代数的角度来看，我们可以将六节诗从第二节开始的结构描述为这样的式子：

$$\{n,1,n\text{-}1,2,n\text{-}2,3\}$$

其中，$n$ 指诗节的数量，在六节诗中即是 6。

所以，第一节诗（1 2 3 4 5 6）第六行（数量 $n$）的尾词 6 将会出现在下一节诗首行的结尾处：

6 ……

根据式子，第一个尾词之后，第二节诗第二行的尾词是 1：

6 1 ……

第三行的尾词为 5：

6 1 5 ……

第四行的尾词为 2：

6 1 5 2 ……

第五行的尾词为 4：

6 1 5 2 4 ……

最后第六行的结尾词为 3：

6 1 5 2 4 3 ……

相同的公式可以应用于之后的所有诗节，所以第三节诗首行的尾词应为第二节诗第六行（数量 $n$）的尾词 3，而第三节诗第二行的尾词应为第二节诗的第一个尾词6，第三行的尾词应为第二节诗第五行（$n-1$）的尾词4，以此类推。

阿诺特这位中世纪的吟游诗人是如何创造出这种巧妙结构的，我们不得而知，但他对文字和音乐韵律的精通倒可能对这种创造有很大帮助。阿诺特在他为数不多流传至今的诗中写道：

> Sweet tweets and cries
> 甜蜜的鸣叫和哭泣
> and songs and melodies and trills
> 歌曲、旋律和颤音
> I hear, from the birds that pray in their own language,
> 我从祈祷的鸟儿口中听到，
> each to its mate, just as we do
> 它们在对自己的爱侣歌唱，就像我们
> with the friends we are in love with:
> 和我们相爱的朋友们在一起时一样：
> and then I, who love the worthiest,
> 然后，我必须为我最爱的人
> must, above all others, write a song contrived so
> 写这样一首与众不同的歌
> as to have no false sound or wrong rhyme.
> 没有蹩脚的音律，也没有错误的韵律。[1]

当然，阿诺特钟情于6个诗节，而不是5个或7个的原因，很可能与掷骰子

---

[1] 由于未找到中译本，此诗为本书译者自行翻译，仅供参考。——编者注

的点数有关。事实上，一小部分诗人尝试过的三节诗和五节诗，也都颇有风味。法国诗人雷蒙·格诺（Raymond Queneau）是一位像数学家一样渴望理解事物运作原理的诗人，他为此进行了不断的探索，并发现了形式的局限性。20 世纪 60 年代，格诺得出结论：只有特定数量的诗节才可以像六节诗那样变换排列。比如，四节诗便会产生相同词语的不和谐排列：

$\{n,1,n-1,2\}$

第一节：1 2 3 4

第二节：4 1 3 2

第三节：2 4 3 1

第四节：1 2 3 4

七节诗的排列也不和谐：

$\{n,1,n-1,2,n-2,3,n-3\}$

第一节：1 2 3 4 5 6 7

第二节：7 1 6 2 5 3 4

第三节：4 7 3 1 5 6 2

第四节：2 4 6 7 5 3 1

以此类推……

经过反复多次试验，格诺断定，小于 100 的数字中只有 31 个数字能够产生类似六节诗的规律。他的观察结果让数学家们发现了六节诗和质数之间的惊人关系。也就是说，包含三个或五个诗节的诗也能像六节诗一样，因为 3、5 或 6 乘以 2 再加 1 所得的总是质数。同理，十一节、三十六节或九十八节诗也能与六节诗一样，但十节、四十五节或一百节诗就不行。

$\times$

六节诗并不是唯一由质数决定的诗歌形式。**简言之，俳句也是从质数中汲取力量的。**

日本人一向崇尚简洁。你若问"日本的莎士比亚"或"日本的司汤达"是谁，人们多半无从作答。大约在维京人斯诺里·斯蒂德吕松（Snorri Sturluson）还在对他的《散文埃达》中的传奇故事进行最后润色的 12 世纪，史诗在东方几乎就已被完全忽略了。8 世纪至 12 世纪的日本平安时期被日本人视为历史上的一个高峰，那时的朝臣喜欢将几十首由不同人创作的短诗连在一起，打造出较长篇幅的作品，即连歌。然而，只有贵族才有权写出前三行诗句。这些作品大多描绘浪漫的爱情和对心灵的探索，而这些开场白总是会提到时节，以及发出诸如"呀"或"怎样"（如何）的感叹。然而，即便是这些精心制作的诗篇最终也还是因为过于烦琐，变得不适合日本人的口味，以至于几代人之后，人们将之简化为我们今天所熟知的三行俳句诗。

和六节诗一样，俳句不需要押韵。它的三行分别由 5、7、5 共 17 个音节构成。3、5 和 7 是前三个奇数质数，17 当然也是质数。

这种结构的形成很可能得益于日本人对奇数的偏好。在一年一度的"七五三节"中，3 岁、5 岁男孩和 3 岁、7 岁女孩会前往神社参拜，为他们的成长祈福。同样，在体育比赛中，啦啦队也会以三三七拍的节奏鼓掌。但偶数却是假想的妖魔：2 代表离别和分离，4 则与死亡相关，6 在好几个短语中都代表"一无是处"。

质数的运用有助于保持俳句形式的简洁，其中每一个词、每一个画面都要求我们用心去体会。其结果是人们会突然产生一种惊人的洞察力，仿佛这首诗所描

绘的对象第一次被人类用语言表达了出来。17 世纪诗人松尾芭蕉[1] 所著的一首俳
句诗便反映了这一点。

Michinobe no（道の辺の）
道旁朝颜花
Mukuge wa uma ni（木槿は馬に）
我骑行道上
Kuwarekeri（喰われけり）
马食道旁花

另外还有一种稍微长一点的俳句形式，即短歌。除了俳句原本的三行，短歌
另外增加了两行，每行 7 个音节（称为"下之句"）。短歌总共 31 个音节，而这
也是质数。

松尾芭蕉作为俳句艺术的代名词，其作品灵感来源甚广，但其灵感最主要的
来源是一位与阿诺特·丹尼尔同时代的流浪僧人。这位僧人名叫西行，写过不少
有名的短歌。西行对于朴素的执着在下面这首短歌中可见一斑。

Michi no be ni（道のべに）
路边青草地
Shimizu nagaruru（清水流るゝ）
潺潺有清流
Yanagi kage（柳かげ）

---

[1] 日本著名的俳谐大师，被誉为日本"俳圣"。——译者注

长有一柳树

Shibashi to te koso（しばしとてこそ）

我在树下

Tachidomaritsure（立ちどまりつれ）

驻足休憩

西行法师所描绘的柳树意象根植于历代诗人的想象之中。5 个世纪之后，芭蕉前往北方这棵柳树所在之地朝圣。他在游记中提道："'清水流'歌中柳树在芦野乡田埂之上。此地郡守户部某士屡次劝言'须观此柳'云云，正思量究竟所在何处，今日已立于此柳荫之下。"

芭蕉以一首俳句诗向西行法师的树表达了他最高的敬意。

Ta ichimai（田一枚）

整片田中

Uete tachisaru（植ゑて立ち去る）

只有水稻

Yanagi kana（柳かな）

直到那棵柳树进入我心里

×

142857
⋮

当我想到诗歌和质数的微妙联系时，也许唯一令人惊奇的地方是我们竟然会对此感到惊奇。从某种角度来看，这种联系是完美的。诗歌和质数的相似之处在于，两者都是不可预知、难以定义的，并且都和生活本身一样意蕴纷繁。

这种与生活相关的特质往往会被人忽略。也因此，许多诗歌被小小的选集封存，许多质数在数学家的算式中枯萎。它们被专家挑来拣去，大众对它们的学术意义，早已失去了兴致。

然而我们似乎却又能清晰地看到但丁笔下的女子在我们的记忆中徘徊，芭蕉笔下的马，嚼着路边的花，一切看起来、听起来都非常真实。质数从刻板的韵律和故事的规则中脱离而出，诗中景象总是会超出我们的期望，所有陈词滥调此刻都杳无踪迹。

诗歌和质数都是很微妙的事物。匆匆一瞥之下，我们通常很难立刻确定某个数字是否有因数，或所读的文字中是否包含其他意义。即使是老手，也很难从一首辞藻华美的陈腐诗篇中辨别出真正有感觉的诗句，或者从一堆数中发现一个伪装成质数的合数。

我们不得不问自己，但丁的六节诗、芭蕉的俳句和四处可见的质数，究竟有何意义？归根结底，我们是不是真的能够接近那个"美貌犹如稀世珍宝"的女子？她的脸庞随着诗节的变化而变化，为我们提供了多种视角。西行法师那棵既能遮阴又能带来反思的柳树呢？

质数也是一样，它是古老的数学谜团。31 是短歌中的音节数，与 29 构成了一对素数，同时它也是梅森素数（$2^5 - 1$），但是这样的标签远不足以解开谜团，因为我们不知道为什么这些质数会碰巧出现在它们所在的地方。许多未经证实的猜想仍然存在。诗歌读者和数学家最多只能找到些许暗示和片段，却始终无法参透整张图景，就像无法参透生活本身一样。

**18** 财富的分布

据研究，贫困具有一定的代际传递性。

比如，我的双亲很穷，祖父母很穷，曾祖父母也很穷，再往上似乎还是一样。因此，关于家族贫穷的可怕故事，我是有所耳闻的。其中一个是父亲在 2000 年初告诉我的，那时我刚离开家没多久，刚在成人世界中开始我的学徒生涯。当时我在伦敦城南租了一间屋子，那是我第一次和别人合租房子。那地方小得乏善可陈，位置偏僻，室内还没怎么装修。在我狭小的卧室里摆着一张浅绿色的沙发床，那种绿跟藏在阴暗角落里的植物的颜色没什么两样。我靠助学金过活，每天吃一小盘意大利面、几个三明治或几片夹着豆子的吐司面包。

一周中，有几个晚上我会接到家里的电话。一次是我父亲打来的，那次我们聊了很久。我承认，他那天变得很健谈，这让我有些吃惊。父亲从不是个会轻易表露心事的人，那么他为什么突然要对我敞开心扉？是出于对长子的偏爱，还是想回溯记忆的长河？我不知道。我们漫无目的地聊着，突然父亲说："我小的时候，常常搬家。"

"什么？"

"我的父母亲，呃，其实是我妈和她男朋友……说来话长。"

然后，父亲用一种"事实上……"的语气，就像刚刚那样，开始讲述他的故事。他第一次跟我说起这些，语言简单明了，没有一丝冗赘错置的地方。我想，父亲一定为此刻排演了无数遍。我认真聆听着，偶尔打断他，提出我的问题或观点。就像父亲说的，他的每字每句都发自肺腑。这个人（我父亲）想告诉我（他的儿子）他认为对我而言既重要又有价值的事情。

其中有个情节特别打动我。大约在父亲 10 岁的时候，一个夏日傍晚，他和父母参加完镇上的活动回家。当他们快到家时，发现院子似乎有些不一样。我的祖父忙跑上前去，他简直不敢相信自己看到了什么。桌子、椅子、茶壶、平底锅、床铺、台灯都被清到了院子里。所有家具被胡乱堆在一起。前门已经上了锁，再也进不去了。

也许我此时应该问："房东怎么没给祖父母更多时间来清偿房租？"但我没问。院子里的家具在我脑海里挥之不去。我想象着家被整个翻了过来的场景，亲密空间被毁于一旦，房子好像大吐了一场。我仿佛看到了再也派不上用场的台灯和餐桌脚，以及书桌半开的抽屉里那些泛黄的信件，那场面是多么的恐怖！这画面太真实，以至于刺痛了我的双眼。

×

　　我父亲生于 1954 年，那年正好是英国伊丽莎白女王登基的第二年。我的祖父母在我父亲出生 10 年后被房东扫地出门，那时正处于"摇摆 60 年代"。在 1965 年出版的《贫困者和极贫者》（ *The Poor and the Poorest* ）一书中，社会学家彼得·汤森（Peter Townsend）和布莱恩·亚伯·史密斯（Brian Abel Smith）估计，从 1955 年到 1965 年，也就是我父亲生命的头一个 10 年，生活在贫困线以下的英国人比例比之前增加了近乎一倍，即从 8% 增至 14%。

　　1979 年，也就是我出生的那一年，彼得·汤森发表了一篇名为《英国的贫困：一项基于家庭资源和生活水平的调查》（ *Poverty in the UK: A Survey of Household Resources and Standards of Living* ）的更为深入的研究报告。报告显示，相对贫困正困扰着英国人口总数的 21%。自那之后，数据虽忽高忽低，但都稳定维持在这水平。

　　2008 年公布的一项统计数据，则显示了我之后下一代的状况。根据伦敦政治经济学院的说法，英国收入最高的 10% 的家庭的总资产，是收入最低的 10% 的 100 倍。

　　先不谈统计数据，我想知道数学除了测量差距，还能做些什么。数学能不能告诉我们，什么是差距？它从何而来？它是如何扩大或缩小的？数学思维能不能帮我们解答这些问题？

　　当然可以。**数学和货币都源于抽象思维。**跟数学一样，货币的概念也可以归功于古希腊人。他们率先从手上剥离出了"5"这一概念，并把"5 德拉克马"几个字铸在了金属钱币上。就像"5"从指尖变成了概念性的描述一样，它也可以套用到任何与它所表示的数量相同的事物上，如人、面包屑、白日梦等等。这样一来，硬币的"价值"就可超过这枚硬币的金属价格，并能交换其他东西，只要交换双方认为等值即可。

不管是好是坏，用数字代替物体的做法改变了世界。很快，每个东西都可以被量化，甚至连月光也不例外。古希腊剧作家阿里斯托芬（Aristophanes）在一出戏剧中，就提到每个月使用月光可以省下价值 1 德拉克马的火把。在这之前，以物易物和交换礼物早已根植于雅典的所有交易中，而现在，大部分的社会交易都可以用货币解决。公民间的互惠让位于潜在无限累积的个人"财富"。亚里士多德就在他的《政治学》（Politics）中，感叹有些医生把他们的医术变成了赚钱的工具。另一位古希腊剧作家索福克勒斯（Sophocles）则更进一步，通过笔下人物斥责金钱"毁灭城邦，使人流离失所"，同时"彻底教坏好人……使他们通晓所有亵渎神明的行为。"

在这抽象化的过程中，货币从数字那儿取得了冷漠的中立地位。货物不再体现供货商的慷慨或个性，计算取代了情感。个人的自主性增强了，但这也助长了用金钱来衡量一切事物的气焰。就像把数字抽象化一样，货币也逐渐变得无形。藏起硬币要比藏起母牛容易得多。古希腊斯巴达的统治者莱克格斯（Lycurgus）就认为，要打击富人隐匿财富这种"不正义"行为的唯一方法，就是把铁币铸得又大又重，这样一来，光是 10 枚硬币就得需要用马车来运送。

因为数字可以无穷无尽地写下去，于是金钱的累积也就没有了上限。阿里斯托芬就说，人永远不会对财富感到满足。面包、性爱、音乐、勇气，都有满足的那一刻，但财富没有。要在赚钱这个项目上打钩，表示已经完成，是不可能的。如果一个人得到了 13 枚硬币，那他会想得到 16 枚；有了 16 枚之后，不赚到 40 枚他不会善罢甘休。我们可以观察到，大自然对人的身高和年龄是设了限制的，即使在最极端的情况下，也少有人会比其他人高或者矮太多，但金钱不一样。想想古希腊时期吕底亚的克洛伊索斯王（King Croesus）吧，他拥有许多黄金，多到可以拿来随便送人。古希腊立法者梭伦（Solon）就曾警告过克洛伊索斯：人拥有的越多，失去的就会越多。

$$\times$$

我想提提梭伦，他是历史上第一个通过立法解决不平等问题的人。普鲁塔克（Plutarch）就曾记载，梭伦时代的雅典人是如何向城邦里的贵族还钱的。有些人因此被迫卖身为奴，有些人不得不交出孩子作为抵押，甚至还有些人因此携家带眷出逃流亡。梭伦被选为执政官后，他把城邦的人口分类，每类人都要承担一定比例的责任和义务。第一等级由收入超过 500 蒲式耳的人组成；第二等级是买得起马的人（当然在买马时，也能付得起"马税"）；第三等级由年收入在 200 到 300 蒲式耳之间的农民组成。剩下的那些没有土地的公民也首次被允许参与公开集会或加入陪审团，同时不必担心成为奴隶。

x%&(100-x)% ……………… 我们可以通过公式来表示任何社会的财富分布状况：数字 x 是 50 和 100 之间的某个数字，而社会财富的 x% 则属于 (100-x)% 的人。在一个高度平等的社会里，x 也许是 55 或 60，那么也就是说 45%（或 40%）的人拥有 55%（或 60%）的社会财富。

然而，大部分西方社会的分配并不平均。经济学家发现，在多数发达国家，x 大约是 80，即社会总资产的 80% 都进了 20% 的人的口袋。

**每个人的财富状况不尽相同，这并不令人惊讶。令人惊讶的是其中财富分配**

**的不平衡以及这种不平衡状态的持续性**。经济学家兼数学家维尔弗雷多·帕累托（Vilfredo Pareto）就在 19 世纪末观察到，20% 的意大利人掌握全意大利 80% 的财富，他在研究欧洲其他国家地区的历史资料时，也发现了同样的结果：自 1292 年以来，法国巴黎的财富分配状况几乎就没有发生过变化。之后的研究均证实了帕累托的发现。

大多数缺乏资源的人只能处在社会底层，而拥有竞争优势的人，则始终处于社会上层。因此最穷困的人只有把大部分精力都花在勉强维持生计上。这让我想起了德加（Degas）的那幅《熨衣妇》。一个妇人低头熨着衣服，将脸深埋在阴影中；另一个则不加掩饰地打着呵欠，嘴巴张成大大的圆形，这呵欠扭曲了她的脸，也使人看不清她真实的面貌。

斯巴达的莱克格斯，恨不得把钱币铸造得跟人一样大。想象一下，一瞬间，每个人都变得跟自己拥有的金钱一样高大。我们不妨想象这个画面，看看一名磨坊主和一名百万富翁的差距会有多大。磨坊主的财富可能只有百万富翁的 1/1000，因此，若把百万富翁的财富优势转化为身高优势，那将会是前者的 1000 倍。在这名百万富翁看来，磨坊主比蚂蚁大不了多少。那么百万富翁会找谁经营生意？当然是够高够壮、能够承担老板交付的重担的人。百万富翁所找的这个人虽然体型较小，但比起磨坊主仍要大上许多。百万富翁会信任谁？当然是和自己相近的人，而这些人也只会和与自己相近的人来往。礼貌与妥协是他们之间交易的主要特征，但即便如此，他们中也很少有谁会使自己屈尊于那些与自己没有共通之处的人。

不管位于哪一阶层，不管是男是女，大家都习惯往上看，而不是往下看。即使是磨坊主也只会对与自己相同或比自己更高一阶的人伸出援手，以免辱没了自己的身份。对富人，他会更慷慨；而对穷人，他也会更吝啬。他拥有的不多，但敝帚自珍。

当然，没有比较就没有伤害。与亿万富翁相比，即使是百万富翁也只是个穷人。世界排名第 100 名的有钱人，他的财富加起来也只有最富有的人的 1/8。

不管经济是好是坏，"敝帚自珍"的想法都始终存在。这想法越膨胀，持这种想法的人也就会越多。就以平等主义者的理想社会为例，其中 45% 的人拥有 55% 的社会财富。在这样的社会中，约 20% 的人（45% 的 45%）拥有社会财富的约 30%（55% 的 55%）。用同样的逻辑来看，社会上有约 16% 的财富（30% 的 55%）属于约 9% 的人（20% 的 45%）。

拿这个理想社会和目前大部分符合帕累托 80/20 法则的现代城市做比较，结果让我们很是惊讶。此时呈现出来的财富的流动状况更戏剧化，也更冷酷无情：每 100 个人中，只有 4 个人（20% 的 20%）的财富可以占到社会财富的约 2/3（80% 的 80%），而这 4 个人中，又会有约一半（2/3 的 80%）的财富归最有钱的那一个所有。

✕

**人类天生具有利己性，但不平等却是由社会造成的。**任何大规模、野心勃勃的社会活动都需要建立在资源分配不均的基础上。根据经济学大师约翰·梅纳德·凯恩斯（John Maynard Keynes）的说法，如果没有最根本的不平等，那么欧洲铁路这座"留给后世子孙的纪念碑"就永远不可能建成。托尔斯泰就极其厌恶铁路，正是因为铁路体现了这种不平等，他甚至让笔下他最喜欢的角色死于火车轮之下。当时，大部分铁道工人是没有机会搭火车的，那么这些工人又为何愿意建造铁路呢？凯恩斯认为，铁道工人选择和资本家合作，是基于一种一方出钱、一方出力的默契，因为只有这样，欧洲国家才能保持完整，才能"进步"。然而，第二次世界大战却动摇了双方对未来的信念，彻底摧毁了这脆弱的阶级联盟。炸弹的恫吓、枪炮的无情已经揭示出所有人都有消费的可能性，要求大多数人节制是毫无意义的。

当凯恩斯提到"不平等的价值"时，他说的并不是肆无忌惮的不平等，而是指一种共识性的、以共同目标为导向的不平等。凯恩斯承认，赚钱的自私动机有助于生产货物及提供服务，嘉惠众人，但同样的动机也会使一些"人类的危险倾向"（如残忍、自我膨胀、对于权利的专横追求等）变得理所当然。

为了实现动机、满足癖好，这样做的赌注太高。用较低的赌注也能达到一样的效果，只要人们能习惯即可。改造人性不应该和管理人性混为一谈。

该如何降低赌注？我把这问题留给政治家，但我决不会屏息以待，因为这没有简单的解决方法。货币抽象化是复杂且难以捉摸的，这会让我们的世界天翻地覆。举例来说，农夫的小乳牛比其他肉牛值钱，这很正常。但若我们用房屋来生出更多房屋呢？许多穷人，可能一辈子都买不起房，而拥有4套房子的房东最终却可能拥有6套、12套，甚至20套房子。

这些现象不禁让我想起了托尔斯泰在短篇小说《一个人需要多少土地》中展示给读者的：帕霍姆，那个贪婪的农民，在无止境地追求一亩又一亩的田地之后，最终竹篮打水一场空。

在观察了最有钱也最贪婪的一些古希腊人之后，塞内卡（Seneca）说："他们就算是拥有金山银山，也还是很贫穷，而这种贫穷才是最糟糕的。"

# 19 母亲的模型

不久之前，我母亲的年龄刚好成了我年龄的两倍，她在世上的时间刚好比我的多一倍。

**母亲对我来说一直是个谜**。即使用一生的时间去了解她，我仍觉得不够。母亲的行为超出了我的理解能力，常常使我不知所措。尽管我已尽力尝试，但仍无法洞悉她的心思。

这些年来母亲的面容变化不大。她的表情常常阴晴不定。同样顽固的皱纹，在她紧紧抿着的嘴唇周围汇聚；同样挑衅的目光，在她深邃的眼中闪烁。母亲有事没事总爱笑个不停，仿佛在展露笑颜这件事上格外慷慨。在一丝不乱的灰发和蔓生的皱纹下面，我总能从母亲凝视我的目光中找到自己。

以我童年时期在厨房的回忆为例，我记得母亲一天中的大部分时光都在那里度过。我记得她在油毡之间穿梭，手里拿着圆珠笔和便笺，对每一个轻微的声音都极其敏感，对任何意想不到的东西都充满怀疑。她"编纂"着购物清单，把鼻子探进橱柜和冰箱，寻找一两天前才买的豆子罐头、牛奶、奶酪和面包。然而这些东西突然都无影无踪了。

"孩子们简直要把家给吃空了。"她向我父亲抱怨道。

我父亲摆出一副无可奈何的架势。

我们这些小孩知道父母两人谁在掌权，或者至少，我们以为自己知道。有的时候，母亲会突然害羞脸红，而父亲却一句话也说不出。

还有就是关于圣诞礼物。母亲常年在镇上的汽车后备厢市场上淘便宜货，把玩具藏在壁橱里或床底下，直到圣诞老人雪橇上门的日子，这些玩具才会出现在大家眼前。当然，我们总是知道在哪里可以找到它们，但一想到要维持节日气氛，我们也就多半睁一只眼闭一只眼了。可装作什么也不知道并不容易，毕竟房子里的每个犄角旮旯都藏着礼物。那么，为什么在很多个圣诞节之后，在成堆的旧衣服下面，我们仍能找到当年未开封的礼物？难道母亲只是把它们放错了地方、忘了它们的位置？或者对母亲来说，买这些东西本身就比送出去更有意思？

$\times$

数学家会说："绘制数据图来研究一下吧。"这就是数学家们的说话方式。不过事实上，要想解决令人困惑的事件，通常需要具备长远的目光和充足的背景信息。在我童年时代，我以为只要我能够收集足够多关于母亲的记忆，并且确定一些参数来进行分析，就有可能为我母亲的行为建立一个预测模型。

就在那时，学校的黑板在我眼前变得越来越模糊不清，而我也开始长得越来越像母亲，可以说是近视眼让我和母亲更像了。"真是你妈妈的小宝贝儿！"爸爸有时会这样说我，而我的其他兄弟姐妹没有一个获得过这个称号。和母亲相处的时间越多，我就越能强烈地感受到她给我带来的困惑。

那时，母亲总是忙个不停，于是我开始研究她的行踪。星期六早上，母亲从当地的图书馆回来时，抱着几本平装爱情小说，那些书都散发着古旧的霉味。我坐在客厅电视机前，隐约能听到书页翻动的沙沙声，这一翻就是几个小时。每隔一周的星期天，母亲都会穿着她最好的衣服，带着我们这些孩子到街角的邻居家去喝茶和闲聊。周三时，她会去二手商店逛逛，然后满载而归，提着一大堆看起来没人要的东西。

也许母亲注意到了我在跟踪她，想把我抓个正着，也许她只是对自己不停重复做同样的事感到厌烦了，但不管出于什么原因，她有时会搞出点乱子。比如星期六，以前客厅里的气氛总是一样，但现在，折角的传记散发出的霉味取代了之前爱情小说的味道。而到了星期日，在没有任何预兆的情况下，我们竟然闭门不出。可是某个放学后的晚上，我们又会被带着去和邻居一起喝茶。即使是从自己最喜欢的商店买来的东西，如今母亲也会拿着去退货。

一天下午，母亲带我去退一双鞋。快走到商店时，我脑海中浮现出了一位想象中的母亲。想象中的母亲会选择一名男售货员（我知道，我的母亲讨厌与其他女人讨价还价），她会抱怨鞋子对她的儿子来说太夹脚了。当那名男售货员从鞋盒里拿出那双不合适的鞋子时，她又会补充说那鞋上的皮穿了一次就磨坏了。当人家管她要收据时（她肯定早就弄丢了），她会抬高音量，仔细解释说她必须让自家所有孩子的脚都保持温暖干爽，而那名男售货员只能一边点头一边等着母亲说完，之后再帮她换一双鞋。

不过令我倍感意外的是，在这件事上，现实中的母亲并没有依照这个预设的模型行动。

一位头发扎得很紧的年轻女售货员正负责接待顾客。母亲把鞋盒递过去的时候声音很低，说话也磕磕巴巴。"听到这个消息我很难过，"女售货员打断了母亲的话，就好像在慰问她一般，"听到这个消息我很难过，但我实在无能为力。"

我满怀信心地期待着母亲会反驳，但母亲立刻坐到一个试穿凳上，长叹了一声，想要再说些什么。售货员重申退款是不可能的。母亲低头看着地板，又叹了口气。最后，介于我的母亲没有表现出任何让步的迹象，这名年轻的女售货员说："请离开。"然后又说，"请离开，不然我就报警了。"然而我母亲此时却跷起了二郎腿，在椅子里陷得更深了。

那时只有 10 岁的我对此充满了恐惧。我想象中的母亲决不会那样做！我花了很长时间才明白现实中的母亲为什么要那样。当然，母亲非常清楚自己在做什么。她知道那名女售货员在脑中构想出了一个和我想的一样的母亲形象。但那天，在那家商店里，母亲用实际行动驳斥了这两种构想。

最后，那名女售货员气坏了，她从口袋里掏出一个又小又亮的东西。"不要把这事告诉任何人，"她说着便用小刀在一只鞋上划了一道长长的口子，"这样我们就能从制造商那里得到破损商品的退款。"

事实上，当我发现母亲和我想象中的母亲在行为上不一致时，我并没有像你想的那么困扰。我慢慢了解到，我为母亲设计的模型是多么局限和笨拙。**我没有考虑到多种多样的变量，我甚至没有意识到它们的存在，也没想到机遇会对我们所经历的事件产生这么巨大而多变的影响。此外，虚实之间的每一个变化都给我**

提供了新的线索。我希望这种变化，在不断变大或变小的过程中，可以像指南针一样，帮助我更好地理解母亲的性情。

有那么几次，我母亲变得和她的模型一模一样，可那种怪异的似曾相识感却让我觉得不适。我怀疑这种想法反映了我内心的阴暗狡猾，或者更糟的是，母亲自由意志的丧失。此外，即使我成功了，又有什么意义呢？也许这只能归因于运气：即使是一只停了的手表，一天之内也能准确报时两次。

$$\times$$

也许我无法理解母亲，是由于之前的不确定性，即母亲的行为应该是什么样的。当然，我说的不是一个理想的母亲，唉，我不相信有"理想的母亲"这样的存在，我说的是最普通、最突出的母亲品质，一种可以作为基准来衡量的东西。

这种基准比听起来更难把握。"母亲"这个类别囊括了各种各样的成员。通过专业协助，即使是 60 岁的女性也可能成为一名母亲；她们可以只有一个孩子，或者像我母亲一样，生 9 个孩子。根据词典的定义，母亲指任何"生过孩子的女性"。这是我们所知的最广大的人群之一。用统计学家的话来说，这个样本太大了。

那么，我应该如何通过收集母亲的同龄人的更可行的样本，为分析提供一个现实背景呢？通过观察 9 个孩子的母亲？我不确定英国有多少个家庭能有 9 个孩子，自打维多利亚女王诞育了 9 个皇族子女之后，这种事就不多见了。报纸上只给出了为数不多的几个例子：一个是曾研读哲学的公司高管，她本来以为她和丈夫"生 5 个就差不多了"；另一个是一位前厌食症患者，她说她曾担心自己怀孕的概率"非常非常小"。自然，这一小群生了 9 个孩子的女性并不比别的女性更具有代表性。

　　我可能会尝试问一个稍微不同的问题：母亲的行为给我们提供了什么信息？但在这里我们遇到了类似的困难。对于母亲的每一个行为，我们都可以想象出100种或多或少似是而非的理由。100个想象中的母亲会为了证明自己的清白而大打出手，但由于每一个行为都源于一个不同的理由，所以每一个想象中的母亲都能再制造出100个理由。很明显，这种方法无法让我们得出任何答案。即使我们能够以某种方式为母亲的每个行为都找出"正确"的理由，从而在想象中的母亲所在的星系里找到"正确"的那一位，我们最后得到的母亲的复制品也和养育我的那位一样复杂、神秘而且令人困惑。

　　**如果我要得出关于我母亲到底是谁的结论，那么似乎有必要进行更多的经验观察和更少的抽象推理**。我完全承认，在这一点上我的说法并不算很新颖。精神病学家爱德华·图卢兹（Edouard Toulouse）客观衡量埃米尔·左拉（Emile Zola）的天赋的做法就是这一类的典型。图卢兹测量了左拉的身高，还对他的肩膀、头骨和骨盆进行了测量。此外，图卢兹还评估了左拉的握力，以及鼻子、耳朵和视力的敏锐程度，同时验证了他的记忆力，记录了他吃饭、睡觉和写作的时间。图卢兹发现，左拉的脉搏在他动笔写字之前是 61 次 / 分钟，而在他写完的时候却降到了 53 次 / 分钟。

　　苏联的科学家也曾参与了这类研究，不过他们记录的是研究对象的话语内容而不是脉搏跳动次数。在实验中，他们试着通过对象已经说出的句子预测他要说的下一个单词。他们发现，谈话中的年轻女孩最容易被预测；报纸专栏作家紧随其后，而诗人最让人难以捉摸。

　　科学家会为这个结果感到吃惊吗？我们不知道。也许诗人们在口头表达上和他们在写作上一样自由。数学家认为，最好的诗歌，是把韵律的可预测性和不寻常词语的新颖性以同等的方式结合起来。太多的韵律会使诗趋于平淡，而过于随心所欲则又会让人难以领会。传统和创新，它们之间微妙的平衡赋予了我们的语言以意义。

　　我们可以从这些研究中学到的东西虽然少，但却很有价值。**相互理解的能力取决于我们的预测能力，尽管预测能力经常超出我们的控制范围。**通过显微镜，精神科医生虽并不能了解是什么让左拉动笔的，但他凭直觉知道如何说服这位老朋友参加他的测试；苏联的数学家虽无法准确预测诗人的灵感，但一旦走出实验室，他们的谈话内容所涉及的领域却能和其他人一样广泛。

　　在埃德加·爱伦·坡（Edgar Allan Poe）的小说《失窃的信》（*The Purloined Letter*）中，一个男孩在玩弹珠游戏时可以通过观察看穿每个同学。游戏的关键在于判断对手拳头里握着的弹珠数量是奇数还是偶数。每猜对一次，就可赢得一枚弹珠；每猜错一次，就会失去一枚弹珠。男孩由于"机敏"，最后赢得了学校里所有同学的弹珠。爱伦·坡解释说，这个男孩对他的对手有一个直观的评估。

　　　　比如，如果对手是个十足的笨蛋，举起握着弹珠的手问道："奇数还是偶数？"这个小男孩儿回答"奇数"，结果猜错了；但第二次猜的时候他赢了，因为这次他就心想："这个笨蛋第一次拿的是偶数，他的那点小聪明至多就是第二次拿奇数，所以我猜奇数。"他猜奇数，赢了。
　　　　现在，要是换了一个智力高于第一个的笨蛋，他就可能这样推理："这个家伙发现我第一次猜奇数，而第二次他的第一个念头就是，像第一个笨蛋那样，把偶数变成奇数；但转念又一想这样的变化太简单了，他最终还会像之前那样拿偶数。所以我要猜偶数。"他猜了偶数，赢了。[1]

---

[1] 节选自《失窃的信》，埃德加·爱伦·坡著，外国语教学与研究出版社，2013。——译者注

爱伦·坡接着告诉我们，这个赢得弹珠的孩子是如何凭借直觉感知他对面的男孩的思想和感情的："他密切关注对方的面部表情，这样对方的每个眼神、微笑和皱眉都逃不过他的眼睛，同时他也会通过模仿感受与对方相同的情绪。他的成功完全取决于他推己及人的精准性。"

> 从某种意义上来说，我们总是在评估和预测对方，尽管我们可能并没有意识到这点。通常我们仔细观察的往往是我们最在意的人。出于爱，人们会不断进行自我反思并有一种渴望理解我们所爱对象的强烈愿望。当我们逐渐意识到自己能确切知道的部分是如此有限时，我们便会感到忧郁。无知是痛苦的。然而我们坚持不懈，我们谦卑地、耐心地观察着，直到最后以某种方式把自己与他人联系起来，让期待变成一种爱的行为。

×

我花了好几年的时间去学习如何评价我母亲的各种言行举止。这几天，我终于可以清楚地读出她的身体语言。但同样的问题还是一次又一次地重复出现在我脑海中。我常常在想，她的微笑说明了什么？

我和母亲约在伦敦市中心一家高级餐厅见面。我一进门便看到了母亲，她坐在桌后冲我微笑，模样比实际年轻不少。我亲吻了母亲的脸颊。她欣喜若狂地盯着那些后背挺直的年轻侍者，他们端着一盘盘的食物和葡萄酒。我们吃什么？我对这个地方了如指掌，因此已经做好了决定。在去洗手间之前，我把我的选择告诉了母亲。当我回来的时候，她已经点完了餐。母亲在摆弄餐巾纸。我注意到她手上的皮肤紧绷着，就像熟透的水果上的果皮一样。我们谈话时，她的手指一直捻着餐巾。

母亲的房租又涨了。她租住的房子所在的那条街上到处都是涂鸦，刺耳的警笛声似乎永远没有停止的那一天。上星期，一名阿尔巴尼亚人还在路边放火烧了他的床垫。然而，我母亲不愿听大家的建议搬离住处。她坚持要住在孩子们出生和长大的地方。我知道，任何新的恳求都会被她置之不理，因此我别无选择，只能听之任之。

当母亲问起我明天从希思罗机场起飞的航班时，我回答道："中午。"我告诉她，东京比伦敦要早 9 个小时，这次将会是我在东亚的第一次演讲。母亲装出好奇的模样。她从未持有过护照，对国外的世界一无所知。母亲突然笑了起来。可能有那么一个词，它的发音或由它引发的回忆突然使她兴奋不已。就像爱伦·坡故事里的那个男孩一样，我也报以同样的笑容，但我却不能明白这笑的含义。然后，就在这时，母亲突然不笑了。她用餐巾擦了擦湿润的眼角。

我回想起刚才的菜单，每项类别下面都只有几样菜式可选。这是一个让我想象中的母亲接受考验的好机会，但是她会和现实中的母亲相吻合吗？对于前菜、主菜和甜点的每一样菜式，我都进行了预测。我不仅评估了每一样，也评估了它们之间的潜在组合。例如，2/3 的主菜都有红肉，因此，我降低了母亲选择肉饼作为开胃菜的概率，除非她会将鱼作为主菜。假设母亲一开始想吃沙拉，那么我就把焦糖蛋糕当作她想选择的甜点。

我想象中的母亲在肉饼和沙拉之间徘徊不定，最终选了一个折中方案。这时侍者缓缓走来，他报出了烤蔬菜汤的菜名。当菜肴被放在我们的餐桌上时，我感到非常满意。

现在，在我的候选名单上，牛肉的排名更靠前了。但是，当主菜被端上来的时候，我仿佛从盘中烤鳕鱼那呆滞的双眼中看到了自己。当母亲进餐时，松软的鱼肉碎屑从她的唇边滑落，散落在她的盘子里。

最后，我们该吃甜点了。想象中的母亲对巧克力的喜爱在以前已经被证实过很多次了。但今天却不同，现实中的母亲只吃了一碗进口水果便结束了整顿晚餐。

在餐厅外面，母亲挽着我的胳膊，想带我去看看她长大的那条街。她紧紧抓住我的手臂，我们肩并肩地走了一会儿。她在我出生之前的生活，除了一星半点、东拼西凑的趣事，我几乎一无所知。我问母亲是否真的在生孩子之前做过秘书。"别提了，"她笑着说，"我只是负责在信封上打印地址而已。"时至今日，母亲还记得很多邮政编码。

"随便说个城市吧。"她突然说。

我本来想说伯利恒[1]，但最后我说："圣艾夫斯[2]。"

"圣艾夫斯，"她慢吞吞地重复了一遍，"TR26。"

我们拐到街上，这里离威斯敏斯特宫只有一步之遥。我的外祖父当年在本地的啤酒厂工作，用马车运送啤酒。这幢公寓楼是几个工人家庭的家，所有人共用一间带搪瓷浴缸的盥洗室。然而我们看不到建筑里面，这座大楼已成了无家可归

---

[1] 伯利恒，巴勒斯坦中部城市。——译者注
[2] 圣艾夫斯，英格兰西南部康沃尔郡的一个小村庄。——译者注

者的聚集地，有的窗户还被木板封上了。在我们离开之前，我拿出相机拍了张照片。

我想到了那个后来成为我母亲的女孩。她想象中未来的自己是什么样的？她是不是梦想着有一个爱她的丈夫、一间大房子，还有总是对她微笑的孩子？在她心中，她会是一个受到良好教育、游历甚广、慷慨大方、心地善良的人吗？她是否想让每一个值得珍惜的时刻都被永远铭记，所有令人愤懑的事件都被立刻遗忘？

一想到这个女孩，我心中立马就涌起了一股强烈的幸福和悲伤。那感觉如此真实，好像那个女孩就是我自己一样。

# 20 一局棋的可能

要赢一场国际象棋很容易：胜利属于犯最后错误之前那个错误的人。

不管第一个说这句话的是谁，这都是句实话。最强的棋手下起棋来既不像机器，也不像天使。他们的过人之处，在于能更好地处理错误。

帮助赢棋的错误应该不是出于马虎、不上心或是胆怯。这错误应该和艺术家的画笔或作家的钢笔一样有着好运气，即使是在画布上或纸上的无心之举也会产生无法预期的效果。我想到了一则画家故事（也许是杜撰的），这位画家一直无法画出他想要的感觉，于是他生气地将一块沾满颜料的恶心海绵摔到了画架上，没想到这竟意外达成了他想要的效果。这就同印刷厂不小心把赫尔曼·梅尔维尔（Herman Melville）描写鳗鱼的那句"卷曲的鱼"（coiled fish）印成了"沾了土的鱼"（soiled fish），结果使赫尔曼赢得了绝佳赞誉一样。

我可不想再冒险写下去了。很显然，创造力不仅仅局限于这里一点、那里一点的失误。但在容许犯错方面，国际象棋和其他追求创意的过程类似。**国际象棋大师正如伟大的艺术家一样，是真正探索外在可能性极限的人**。或者说，正如约瑟夫·康拉德（Joseph Conrad）笔下的主人翁吉姆爷（Lord Jim）所述："置之死地而后生，你得努力把手脚浸在深深的海里，这样才能让自己浮在水面上。"

$$\times$$

要想尽情探索各种可能，国际象棋是绝佳的选择。它的棋盘就像海洋一样深邃，它背后的数学原理也复杂得令人难以置信。两位棋手的第 1 步会衍生出 400 种可能性；第 2 步会衍生出 7.2 万种可能性；当棋手下完第 3 步后，则会产生大约 900 万种可能性；而第 4 步后，则会有 2880 亿种可能性。早在 1950 年，数学家克劳德·香农（Claude Shannon）就计算了 40 步棋局的走法总数，这结果也被称为"香农数"。他估计出国际象棋从初始盘面出发穷尽所有变化的复杂度，即穷举复杂度为 $10^{120}$，这已经远远超过可观测宇宙中的原子总和。

即使这数字非常大，国际象棋也是一个有限的游戏。因此我们相信，有一天机器可以有足够的知识，探索每一场比赛中每个落子的每一种可能性。不管是多么精巧的落子，都不会让机器感到惊讶。机器对每个棋格的位置都会异常熟悉。2007 年加拿大的计算机科学家已解决了跳棋的问题，而人们迟早也会发现国际象棋里的完美比赛。

国际象棋的完美比赛指的是落子的完美设定和顺序，就像芭蕾舞的每一步都精准地落在点上一样。完美比赛烙印在每位棋手的想象里。在每位棋手的内心最深处都有着对最崇高比赛的见解。对某个棋手来说，也许这是白王前的小兵，往前移动两格，然后黑后一方的马会走出 L 字形，吃掉这小兵；6 步之后，白后会走到边格 A4，然后被敌方的主教所阻。不，不，另一个棋手说，要通过白马来开局，让黑方来回应；中心的兵要成对前进。但另一个棋手又不同意了，他说 11 步之后白方要牺牲棋子，用后换得城堡。而对其他人来说，白兵要像常春藤一样爬行到棋盘底，或者黑王要不断地匍匐在后的身后，或者双方的 4 个象都要斜行四方，直到伤亡过半为止。

那么在这柏拉图式的理想棋局中，谁会胜出？每位棋手都有自己的秘密信仰。白方会在第 43 步的时候胜利；如果黑方在第 6 步吃掉了白兵，那么在第 41 步时就会赢，或者黑方会在马拉松式的比赛里，于第 227 步由国王吃掉最后的白子后获胜。但这都是罗曼蒂克的想法，事实上许多比赛最终都以平局结束。

少数狂热棋手和几位国际象棋大师宣称，只要棋手遵循一些"程序"，就可以让某一方更有利。不用说，这些"程序"招致了许多批评。1948 年赢得美国国际象棋全国锦标赛冠军的韦弗·亚当斯（Weaver Adams）宣称，只要第一步走的是白王前面的兵，那么"白方就会赢"。然而他在实战中，执黑子时的运气似乎反而更好些。另一位冠军人物汉斯·柏林纳博士（Dr Hans Berliner）也同意亚当斯的观点，认为白方会赢，但他的开局方式却不一样。根据柏林纳博士的说法，应该先走后前面的兵。

我们在有生之年，应该可以看到运算速度最快的计算机对此找到有限解，但目前还有很长的路要走。截至本书出版，演算法已经能最多解决 6 个子（包括两个王）的所有可行步骤了。从编译的资料中我们惊讶地得知，虽然之前许多残局都被认为会以平局结束，但现在均被证明是可以有一方获胜的。根据对 7 子残局库的分析，研究者发现，只要白方能专心且准确无误地下 517 手棋，白方最终就会赢！

也许研究到最后人们会发现，国际象棋是无解的，或者至少在我们有限的时间内是无解的。任何完整的解答都可能存在于我们苍白的想象之外：马毫无理由地猎杀兵、象轮番占据相邻的方块或城堡连续前后左右移动 99 次。

$$\times$$

当然，如果国际象棋没有谜团、棋手不犯错误，那就不是国际象棋了。人和棋子一样，都不是完美的。国际象棋新手（业内被称为"patzer"）一犯错，立马就会被识破是新手。他可能会太快移动后，或让兵前进太快导致阵型像瑞士乳酪一样坑坑洼洼。但新手的问题是在数量上而不是在质量上：新手会输往往不是因为犯了太多错误，而是因为错误犯得太少，仅仅只是犯了几个常见的大错而已。而且新手撑不了太久，因此没法犯更多错误！陷阱比比皆是，新手不是落入这个，就是掉入那个。精明、中等水平的棋手（如国际象棋俱乐部的冠军）会比新手犯下更多的错误，因为他们会避开早期的陷阱，让自己蹒跚地走更久。

强大的棋手不仅仅会要求自己不要犯下大错，他们还会学习如何犯自己的错误。这听起来容易，做起来却很难。他得停止模仿书本或杂志专栏上的走法，毕竟在搞懂这些方法的使用时机之前，如果在错误的时候使用，即使是最好的走法也可能变得极差。他得根除自己最常犯的错误。简单来说就是，他得清空自己的大脑，转而清醒地去思考、感知甚至受苦。只有这样，他才能在游戏中稍稍占点上风。

以上这些东西加起来，都可以用一个模糊的概念加以概括：个性。个性是一种无法描述的特质，棋盘上的种种似乎都能由它带入人生。就像通过笔触来辨识天才画家一样，我们也可以通过其下棋的方式，包括所犯的错误，来辨识好的棋手。旁观者根据落子的方式来跟上棋手的思路。我们所认为的由棋手所犯的错误，其实是我们作为旁观者对棋手种种表现的个人见解，而每个人的理解都不可能尽善尽美，因为每个人认为的最大的错误和最完美的落子都是不一样的。

说到国际象棋棋手的个性，我认为没有人能比人称"里加魔术师"的前世界冠军米哈伊尔·塔尔（Mihails Tāls）更突出。他的许多场比赛都堪称经典。发挥最好时的塔尔，其表现算不上英勇，更像是满不在乎。他总是在最激烈的赛事里，让棋局变得更复杂。对此塔尔曾说道："你得把对手放在 2+2=5 的漆黑树林里，通往树林外的小径，仅容一人通过。"

然而即使是塔尔，也会在树林深处迷路。有次他同时和 20 个美国棋手对弈，其中有一个很有胆量、极具天赋的 12 岁少年。在某个节骨眼上，塔尔主动放弃了后，但牺牲后是不明智的，最后这也导致他输棋。这位前世界冠军耸耸肩，与少年棋手握了握手，然后便继续往返于其他棋局。

塔尔凭直觉下棋。面对国际象棋那棘手的复杂性，他总是持顺其自然的态度。他能感觉到在棋盘上该怎么走，而感觉也是一种思考。在塔尔的自传里，有一则关于他直觉的轶事。塔尔有次和大师级棋手叶夫根尼·瓦西乌科夫（Evgeni Vasiukov）在某场冠军赛上对弈。因为两人都采取冒险的战略，所以比赛一度陷入缠斗。塔尔说他每走一步都要犹豫许久。他感觉到，要想胜利，就得牺牲马，但无限的可能性让他感到烦躁不安。塔尔把头埋在两手间，不断沉思着，却苦无结果，脑子越来越混乱。突然不知怎么地，童话诗作家楚科夫斯基（Chukovsky）的对句进入了他的脑海："噢，要把河马从沼泽中拉出来，这得多困难啊。"

塔尔陷入了茫然，他不知道大脑是通过怎样的连接过程，让这些诗句浮现出来的。但现在，这个问题支配了他：一个人到底要怎样把这头动物从沼泽里拉出来呢？观众和记者继续观赛，而塔尔则探索了很多种拯救河马的手段：千斤顶、杠杆、直升机，"甚至还有绳梯"。就和棋局一样，在这一问题上塔尔的思考也无济于事。最后，他感到一阵烦躁，心想："得了，就让河马沉下去吧。"塔尔的思路立刻清晰了，他决定跟随自己的直觉去下棋。第二天早上，报纸的文章写着："米哈伊尔·塔尔经过 40 分钟的认真思考之后，精确地牺牲了一颗棋子。"

在转移话题之前，我想再就塔尔学习国际象棋的经历谈几句。小塔尔的学习速度令人瞠目结舌。他 8 岁时第一次学习下国际象棋，是在他爸爸工作的医院里，当时他作为观战者看病人下棋。这个男孩的表现并不突出，还嫩得很。他稚嫩的风格，轻轻松松地便能让老手得分。后来当地的一位国际象棋大师收他为徒。两年之内，小塔尔就取得了参加全国锦标赛的资格。一年后，他的成绩超过了他的教练。又过了一年，小塔尔在 16 岁的时候，赢得了全国国际象棋锦标赛冠军，以及"大师"的称号。

✕

如此快速的学习，让我不禁联想到母语的习得过程。从初学者到获得第一个全国冠军，塔尔只花了 4 年时间；同样，只需要 4 年，婴儿就能从牙牙学语的状态变到流利地说出每一词、每一句。在这两个例子中，成人的帮助都会起到关键作用。如果只靠自己，不管是婴儿还是初学者都无法成长得这么快。语言学家表示，孩童得在高结构性的输入环境中学习语言，在这个环境中，父母亲会慢慢地对孩子说话，不断问孩子问题并使用直白的简单句。同样，国际象棋的棋手也能在教练的指导下学到最好，因为教练会向他们讲授专家下棋时所使用的模式和组合。

维特根斯坦（Wittgenstein）观察到，语言和下棋一样，都是由规则控制的。他说，知道如何使用一个词语，就像知道怎样移动一颗棋子一样。从少数初始规则中，会衍生出巨大的复杂性。街角闲谈的复杂程度，甚至堪比任何一场棋局。这是因为当词语要组成有意义的句子时，其连接方式往往趋于无穷。说话

（写作）的人，总能想出新颖的句子，这就和国际象棋大师总能想出新招式一样。如同任何一位实至名归赢得比赛的棋手，说话的人（在某种程度上，还有写作的人）也会预测他人的反应，并根据预期来调整自己的话语。他们不仅知道自己能说什么，还知道自己应该说什么，甚至更有趣的是，知道自己不应该说什么。老练的谈话者都有这样的本事，知道哪些话题值得探索，哪些则该避免。同样在某些情形下，棋子的某些走法虽完全符合规则，但却被认为是忌讳的。我听说有一位大师，曾把对手一早就用象吃掉兵的行为描述为"没文化"。走这步棋，虽然好处是能迅速得到物质利益，但代价是要牺牲自己棋子的阵型和相互协调。

我想起了一个场景，这是日本作家川端康成在小说《名人》（ *The Master of Go* ）里所描述的。故事的叙述者是一名狂热的围棋爱好者，在回家的火车上，他同坐在对面的一位高个儿美国游客用便携式磁力棋盘下棋。金属板棋盘一直放在这名叙述者的腿上，直到旅程结束。这名叙述者赢得很快，一场接着一场。"这好比抓起一个没有魄力的大汉子扔出去。"在整个过程中，他注意到对面的美国人在下棋的时候有点欠考虑，毫无斗志。他想象，这个外国人下围棋就好比在用从语法书上学来的外语和别人争吵。

带着这种想法，自然而然可以得出一个结论。川端康成写到这里是为了声明围棋的精妙之处是外国人难以领会的。我想他这么写的意思是，一场好的棋类比赛，不管是围棋还是国际象棋，就像一场好的对话，需要一种完全沉浸其中的感觉。**而我想到的是对形式的关注，这可以将一段话或者一步棋提升到新的高度，使它们的意义远远超过单纯的实用价值。**即使经过翻译，川端康成隐晦的写作风格还是让外国读者产生了很大困扰。很多细节在日本人看来非常直白，但在外国读者看来却不是那样。比如，小说里的叙述者，为什么要提到他的金属板棋盘？它有没有可能象征着灵感之光或者胜利？我们是否应该从中读出一种暗示，即围棋是一种艺术？

当然，大师会沉浸在自己的比赛中，有些甚至还会被近乎无限的复杂性带来的疯狂所淹没。然而，他们中的绝大多数，都能从移动棋子的战术组合中，找到自己最充分、最丰富的表达方式。这些棋手并没有思考很多关于下棋的事情，相反，他们是直接用棋来思考，就像我们用语言来思考一样。我听说过有一位大师，在他回想自己每天所做的事情的时候，仿佛就是在棋盘上下棋。比如，某次下午去游泳，在他看来就像是王的马走到了 F6；而和妻子一起去餐厅吃饭，他回忆起来就好比把后的城堡往下走了 4 格。对这位大师来说，这些联想一点都不值得注意，因为它们都是自然而然产生的。

我们也能从国际象棋的超快棋或快棋比赛中看到说话的自发性。在这两种形式的比赛中，双方都必须在限定的时间内完成比赛。棋子疯狂地从一个格子滑到另一个格子，灵敏的手一下又一下地拍击着计时器的按钮。棋手的速度差不多是一秒一步，整场比赛完成时，往往会走 40 步以上。尽管没有时间思考，棋手还是经常能达到惊人的高水准。

我不是想暗示说下棋完全靠直觉。不假思索有其优点（其中之一就是不优柔寡断），但它并不是万灵药。下棋和语言一样，在最佳状态下深思熟虑特别有优势。从某种角度看，一盘棋包含了一系列变幻莫测的问题，而最让人感到有趣的是，它们能够给我们的想象力提出独特的要求。正如阅读一段优美的小说，我们会觉得在它的陪伴下，不管多长的时间都能愉快地度过。

×

有时候，棋类爱好者们会遍寻某些报纸的封底版（这类报纸最后通常会被用来包裹玻璃花瓶，但永远不被用来包油腻的薯条），为的是研读并解决上面的棋类问题。报纸的棋谱专栏印刷着不能移动的棋子，和每周的填词游戏争抢着版面。这类专栏的标题往往会宣称"白方走，三步杀将"或者"黑方走，和棋"。展现出来的布局，往往是开局后至少走了一半的情况，并且棋局已经到了最后的关头。棋类爱好者盯着油墨印刷的棋子和被弄脏的棋盘格子，等待灵感涌现。这多少有点像我们读到几行动人诗句时的感受。

很多公布这些棋谱的人，从未了解过真正的棋盘，这些只是他们凭空想象出来的。在这些"发明家"中，有一个是弗拉基米尔·西林（Vladimir Sirin），他更为人知的身份是会多种语言的小说家兼诗人弗拉基米尔·纳博科夫，对他来说，这样的作品等于"象棋之诗"。纳博科夫于1970年出版的作品选《诗歌与残局》（*Poems and Problems*）就收录了他的53首诗和18道象棋难题。

64个方格，它们奇特的几何结构，把这位伟大的语言大师迷得神魂颠倒。举例来说，王撤退时，先竖着走（或者横着走），然后斜着走，踪迹违背了著名的毕达哥拉斯定理。在棋盘外的"真实世界"里，假设先从起点向前（终点的方向）跨三大步，然后向左（或向右）跨尽可能多的步数，这样会在起点和终点之间产生更大的斜边长度。另一方面，王的"三角形"在每条边上都有着相同的长度（穿过的格子数量完全相同）。这视觉上的错觉，即期望对角线的路径比垂直或水平路径需要更多的步数，在国际象棋残局创作者的技艺中扮演了重要的角色。

如纳博科夫的语言一样，他的棋子也依靠精准的布局和彼此的连接来获取意义。纳博科夫眼中棋子的价值和棋类爱好者的期望相差甚远。例如，一般认为，后的重要性是城堡的2倍，是马或象的3倍，是兵的9倍。如果被精心布置的小喽啰困在角落或最后一排而无法移动，那么其价值将降低到几乎为零。

许多数学家也是不少残局的发明者，他们通过创造不同的布局来解决问题。比如，一步棋最多有多少种可能会带来将死？答案是 47。或者，象至少需要几步才能占领或攻击每一个格子？答案是 8（城堡所需的最小步数也是 8）。或者数学家会构建整个棋局，然后通过特定数量的移动，来达到特定的布局。

我应该提一下，国际象棋和语言之间还有一个相似之处。我说过，大师会基于伟大的创造性直觉犯下一些带有权威性的错误。小孩子也一样。他们的大脑会把他们从周围环境吸收的只言片语转化成自己想要的。**实际上，牙牙学语的孩子，说的话不只是对成年人的简单模仿，还会体现出明显的创造力。**比如说，我们都听小孩子说错过一些话，像"三个老鼠"或者"我去着"，而不是"三只老鼠"和"我去过"，没有哪个家长会说出这样的话。更有创意的是，据报道，有小孩表示，"神话"的意思是一只雌性飞蛾或是"你 8 岁之后会变成的"生物。

他们长大后也许会成为大师。

对我们每个人来说，没有什么比自己的死亡更私密、更不可避免、更无情的了。自古以来，很多人试图通过抛撒鸟粪、编造噩梦或请教神谕师等来预测死亡到来的时间。然而这些预言不是具有明显的错误，就是无可救药地模糊和令人费解。有这样一个传说，一个斯基提亚的王子向一位希腊神谕师询问他将如何死去。神谕师说，mus（mouse，老鼠）将是他死亡的原因。王子牢记这一警告。他杀光了家里的老鼠，甚至对任何名字叫 Mus（穆斯）的人都没有好脸色。尽管如此，不久之后死神还是降临了。为什么呢？因为王子死于手臂肌肉感染 [1]。

×

直到 17 世纪末世界上第一张死亡率表问世，死亡才成为一种可以被统计的现象。**死亡率许久才被孕育出来是**

---

[1] 英语单词 muscle（肌肉）在希腊语中的意思是"老鼠"。——译者注

**有原因的，因为它会彻底颠覆人们对各自生活的理解。**如果那时就存在"社会"一词的话，那么一定会被认为社会只是由许多自由灵魂组成的松散联盟。每个人的确切职责和命运都是难以理解的谜团，聚集在一起的人群更像是长着许多头和四肢的怪物。如果说一个人可以从任何方面与一群人相比较，如果说可以通过研究一个人的家庭、所在村落、他同胞的行为来了解他，那简直就太不可思议了。

如果个人的行为都难以理解，那么人的最终灭亡就更是如此了。痛苦的经历告诉大多数人，没有一个学者能进入死神的头颅，看看他在想些什么。死亡触摸得到脸颊红润的婴儿，也触摸得到年老的寡妇，没有明显的规律，也不需要理由。一位上了年纪的老人可能会以某种方式再活 10 年，而他年轻、健康的孙子，却可能活不到下一个春天。

故事传说取代了科学，讲述者一遍又一遍地重复着同样的信息：生活充满了意外。还记得老约翰的故事吗？老约翰听了邻居的笑话后大笑不止，他就那样笑死了。有个农夫的妻子被山羊撞得送了命，有个乡绅打着打着瞌睡就死去了……

正是在这种矛盾的氛围中，埃德蒙·哈雷于 1693 年发表了《对人类死亡率的估计》(*An Estimate of the Degrees of the Mortality of Mankind*)。哈雷的数据是基于西里西亚地区（Silesia）的布雷斯劳（Breslaw）得出的。布雷斯劳"靠近德国和波兰的边界，非常接近伦敦的纬度"[1]，"总人口 3.4 万"。连续 5 年，哈雷每月都对这座城市的出生和死亡人数进行统计，发现这 5 年总共有 6193 人出生，5869 人死亡。哈雷发现，在新生儿中，28% 在出生后的第一年就夭折了，一半多一点的活到了 6 岁，而他们中的大多数也会在后来拥有自己的孩子。"从这个

---

[1] 在哈雷提出报告时，布雷斯劳是德国的一部分，其现属波兰。——译者注

年龄段开始，死亡率会大幅下降。"

在 9 岁至 25 岁的城市居民中，每年的死亡人数约占 1%；而在 25 岁至 50 岁的城市居民中，这一数字升到了 3%；到了 70 岁的老年人，这一数字则跃升至 10%。"从那以后，生者的数目越来越少，直到为 0。"

哈雷利用这些综合数据来计算"不同年龄阶段的死亡率，或者说生存率"。例如，为了估算一个人活过 25 岁不会死的概率，哈雷比较了城市中 25 岁居民的人数（567 人）和 26 岁居民的人数（560 人），从而得出结论：一个 25 岁居民平均有（1-7/560），即 98.75% 的概率会活过今年。

一个 40 岁的人再活 7 年的概率是多少？哈雷用 47 岁的居民人数（377 人）减去 40 岁的居民人数（445 人），得到了两个年龄的人数差（68 人）。因此，一个 40 岁的人活到 47 岁的概率是（1-68/377），约 81.96%。

一个 30 岁的人还能有多少年寿命？为了回答这个问题，哈雷首先确定了 30 岁的人数（531 人），然后再将其减半（相当于将这个年龄的人的生死概率二等分）。他接着发现，这个减半的数字（265）相当于 57 岁到 58 岁之间的公民人数。因此，30 岁居民平均能再活 27 年或 28 年。

根据发现，哈雷得出了这样一个结论：

> 我们无端地抱怨生命的短促，如果不能活到老，就觉得仿佛是受了莫大委屈；但现在看来，那些新生的婴儿有一半都活不到 17 岁……所以与其抱怨英年早逝，不如耐心冷静地对待那些令我们衰老腐烂的必要条件，珍惜我们美好又脆弱的身体的结构和成分，并将我们幸存

下来的那许许多多年视为恩典，因为整个人类种族中有一半也许都活不到那样的岁数。

✕

3个世纪后的1982年，美国古生物学家斯蒂芬·杰伊·古尔德（Stephen Jay Gould）也像哈雷当年那样详细起草了一份死亡率表。那年夏天，美国的《平等权利修正案》（*Equal Rights Amendment*）被否决，意大利在世界杯决赛中击败了联邦德国，南美爆发了债务危机。古尔德坐在医生的办公室里，得知自己不久后即将死去。他当时40岁，刚刚被诊断出患有一种罕见的不治之症。后来，古尔德在哈佛医学图书馆研读了大量书籍，这些书每一本都有一掌那么厚。古尔德渐渐知道了当时人们所知道的关于这种疾病的所有信息及其存活率。总而言之，根据患这种病的平均寿命，古尔德只剩8个月能活。

古尔德不想把哈雷善意的劝告当真，他不会轻易屈服于肉体的瓦解，他想要活下去。古尔德想到了自己的妻子和两个年幼的儿子，以及自己的雄心壮志。他脑中还冒出了许多往事：小时候在博物馆里看到的、有着巨大牙齿和粗壮骨骼的霸王龙；父亲穿着晚礼服，在读《资本论》；自己喜欢的洋基队的赛季门票；他办公室抽屉里的"非凡农庄"牌饼干。他要是死了他的办公室要怎么办？显微镜放在不该放的架子上；藤椅立在没有光的角落里……它们最终都会落满灰尘。

在这种可怕的时刻，古尔德做了什么？他能做什么？他所做的几乎是每一个收到坏消息的人都会做的：疯狂寻找哪怕是最轻微、最微弱的好信息。他不会放弃希望。"平均"寿命8个月，只是统计数据这么说。如果和他得一样癌症的患者中有一半会在确诊的8个月内死亡，那就意味着还有另一半会活过8个月，而其中又有些会活很多年。这个想法安慰了古尔德。他的大脑神经紧绷着。年龄？

他还年轻。收入？他的家庭在城里还算富裕。健康？不算特别好，但他没有别的健康问题。态度？他确定自己拥有坚强的意志、温和的脾气和明确的生活目标。在古尔德看来，自己能活下去的概率似乎很大。

他未来只会有一次死亡，不会有数千次，而从平均数并无法看出他会在什么时候死。这成了古尔德的口头禅。朋友和家人问他这是什么意思，他回答说，平均数反映的是普遍情况。如果我死一千次，大约一半的死亡会在 8 个月内发生，而另一半会一个接一个地发生在几天后、几周后、几个月后或者几年以后。谁能告诉我，在可能发生的上千次死亡中，我的死亡会在哪一天？

接下来的几个月对古尔德来说是难熬的，其中充满了厌倦、痛苦和疲惫。放疗、药物和手术使古尔德的体重暴减，原本 90 千克的他现在轻了足足近 30 千克。掉落的头发使他尴尬。孤独乏味的治疗一个接一个，让他身心压抑、虚弱不堪。然而古尔德活了下来，他的癌症症状也得到了缓解。两年后，古尔德康复了，并根据自己的经历写了一本书，名为《别理会平均数》( *The Median is Not the Message* )。这本书出版 10 年后，古尔德仍然很健康。他写道，我是一个非常小、非常幸运、非常精选的群体中的一员，是此前无法治愈的癌症的首批幸存者之一。

2002 年 3 月，60 岁的古尔德出版了他的巨著《进化论结构》( *The Structure of Evolutionary Theory* )，该书长达 1342 页。这是古尔德自 20 年前被诊断出患有癌症以来出版的第 17 本书。

两个月后，死亡终于降临到古尔德身上，但死因却和 20 年前确诊的癌症没有丝毫关系。

×

知道如何解读死亡率表上的数字延长了古尔德的寿命，他也证实了个人心理状态和免疫系统之间可能存在联系。而另一方面，**因为不知道如何阅读死亡率表，有的病人和家属却可能为此付出高昂的代价。**

安德烈－弗朗索瓦·拉弗雷（André-François Raffray）的故事是一个极端的例子，也许是有关百分比让人迷惑的最极端案例。拉弗雷是一名小有成就的公证人，长期生活在法国东南部的阿尔勒。他的客户中有一位 90 岁的寡妇，名叫让娜·卡尔芒（Jeanne Calment），她没有后代。1965 年的某一天，拉弗雷同意按照一项被法国人叫作"终身养老金"（rente viagère）的方案买下卡尔芒太太的房子。作为回报，他每月要支付给卡尔芒太太 2500 法郎，等到卡尔芒太太死后，拉弗雷便可拥有这处房产。

拉弗雷一定以为他做了一笔好买卖，因为卡尔芒太太的房子价值近 50 万法郎。假设她再活 3 年，达到当时法国 90 岁女性的平均预期寿命，那么他总共才花不到 10 万法郎。90 多岁的人中，超过 20% 的人会在次年生日之前去世，拉弗雷认为统计数据会对他有利。"即使卡尔芒太太能活到 94 岁、95 岁或 96 岁，我最终还是会拥有这栋房子，而我所花的钱只是它市值的一小部分。要是卡尔芒太太继续活到 97 岁、98 岁或 100 岁呢？但愿不会！有多少人能活到 100 岁？ 1000 个人中能活到 100 岁的都不到一个。要我相信她可能再活 10 年，简直不可思议！不过无所谓，就算卡尔芒太太在 100 岁时才油尽灯枯，我还是会赚一大笔的。"这可能就是拉弗雷的想法。

认为年纪很大的人或多或少都差不多的想法大错特错。这名公证人与卡尔芒太太的交情并不深，所以仅根据卡尔芒太太的一头银发，像鸟一样的身材，像纸一样的皮肤，就会误以为她很虚弱。拉弗雷看到了这些特征，立刻联想到了他所见过的每一位老人。在他的脑海中，他们的面孔、身体和生活交织在了一起。这些人通常来说有什么共同点？疾病、悲伤、呼吸短促。

但卡尔芒太太在衰老之前，也曾年轻过。她曾骑着自行车穿过巴黎鹅卵石铺成的街道，曾伸出手去抓松软的网球，曾吃着满是橄榄油的蔬菜沙拉和水果罐头。卡尔芒太太与一位富商的婚姻，使她能够自由富足地过着弹奏钢琴、欣赏戏剧的美好生活。此外，卡尔芒太太从来没有生过病。

自从搬到温暖、阳光明媚的南方后，卡尔芒太太几乎没有什么变化。除了已经下葬的丈夫，她把自己最喜欢的东西都带走了。她早已习惯了独处，她不怕寂寞，不怕听到自己心跳的节奏；她学会了化妆，因此也不担心自己外貌的变化；她很爱笑，一件小事经常就能让她笑到流泪。在 85 岁时，卡尔芒太太毫不犹豫地去上了她的第一节击剑课。她仍然喜欢在户外散步，每天都要喝上几口葡萄酒，吃上几块巧克力，这使她的每一天都过得很愉快。

仔细研究过死亡率表的拉弗雷，知道了之前那些 90 岁老人的死亡率和通常的死亡时间，但他没有意识到情况是在不断发生变化的。例如，在 1965 年，法国百岁老人的数量不超过几百人，这是事实，但这是那时的数据。1975 年法国有多少百岁老人？ 1980 年呢？ 1990 年呢？这些都是拉弗雷忘记考虑的问题。在世界各地，医学和技术都在迅速发展。曾经导致死亡的重要因素，如流感、维生素缺乏或高血压，目前大多数都得到了控制。在一代人的时间里，法国百岁老人的数量将增加 20 倍。

那么表里的统计数据呢？人们需要更仔细地研究这些数据。一方面，关于老年人的数据必然是稀缺和不可靠的。在卡尔芒太太那代人之前，很少有人能活得

特别长，人们也不大愿意去研究 90 岁的人。统计学家对一个 90 多岁的人的医疗
需求、饮食习惯、日常生活及其他许多方面几乎都一无所知，因此不得不用猜想
去填补空白。

死亡率表上说："预期剩余寿命 3 年。"让我们看看这到底意味着什么。如果
在 1965 年有 1 万名 90 岁的人，那么在 1968 年，这些人中仍会有大约 5000 人还
活着。这些 93 岁的老人的预期寿命当然不会是零。那会是什么呢？这是另一个
拉弗雷不想问的问题，答案是将近 3 年。90 岁后再活 3 年，很可能你还能再多
活 3 年。如果 1968 年有 5000 名 93 岁的老人，那么 1971 年大约还会有 2000 人
幸存，而这些 96 岁的老人平均还能再活两年。到了 1973 年，大约会有 1000 人，
也就是 1965 年那 1 万名 90 岁老人的 10% 还会活着，而这些人中又有近一半的
人可以活到 100 岁。

1975 年 2 月，卡尔芒太太成了这些人中的一位。她已经 100 岁了，但她的
身体依然很好，每天都能站起来。她把死亡留给了别人。105 岁时，卡尔芒太太
的公证人每月的支票累积已相当于她房子的全部价值，但拉弗雷还得继续打款。

又过了 5 年，卡尔芒太太不情愿地搬进了养老院。在 110 岁时，她的年龄超
过了大多数死亡率表讨论过的最大值。113 岁时，卡尔芒太太成了世界上最长寿
的人，她被人们称作 "la doyenne de l'humanité"（人类的老奶奶）。

即使那样，她也没有死。她的视力变模糊了，关节变僵硬了，但她的心情仍
然很好。长期以来，统计学家一直估计人类的最长寿命在 110 岁至 115 岁之间，
但事实证明他们错了。卡尔芒太太成了历史上第一个庆祝自己 116 岁、117 岁、
118 岁和 119 岁生日的人。

　　1995 年，这位人们口中的 "Jeanne" 已经 120 岁了。在此之前，这家养老院很少接待访客，但突然间，来自世界各地的记者蜂拥而至。卡尔芒太太身材矮小，皮肤干瘪，坐在一排摄像机前。一位摄影师抱怨道，她总是不笑。一位记者问卡尔芒太太是否想继续活下去。养老院院长用手在老妇人的右耳比作传话筒状，仿佛在玩一场荒谬的传话游戏。"这位先生想知道您是否还想活得久一点？"院长对着老太太的耳朵喊道。

　　"想啊。"

　　卡尔芒太太的公证人那天没有来。拉弗雷已退休多年，年近 80，身体欠佳，故无法参加。那年晚些时候，拉弗雷去世了。他从未踏进过卡尔芒太太的房子。根据这份已有 30 年历史的合同，拉弗雷的遗孀将继续向卡尔芒太太打款。两年后，卡尔芒太太去世，享年 122 岁。那时，拉弗雷和他的家人已经支付了近 100万法郎：这是预期支付金额的好几倍，是他们签订协议时房产价值的两倍。

$$\times$$

　　我们可能会问自己，这种关于普通癌症患者或普通 90 岁老人"平均"寿命的奇怪想法是从哪里来的？一本关于人类及其能力发展的专著，将 "l' homme moyen"（普通人）的概念介绍给了 19 世纪的人们。"如果一个人在某个特定的社会时期具备了一个普通人所能具备的所有品质，那么他就代表了世间一切的伟大、善良或美丽。"

　　这本专著的作者是一位名叫阿方斯·凯特尔（Alphonse Quetelet）的比利时数学家，他设想了大自然是如何创造人类的。凯特尔把大自然描绘成一个不断瞄准统计中心的弓箭手。靶心是一个完美的普通男人或女人：理性的，温和的，没有任何多余或不足。根据这种观点，大多数人都是大自然的箭矢。他们在中点附近，或近或远地徘徊。身高高于平均水平的男人向比他矮了几厘米的男人耀武扬威；醉汉缺乏戒酒者成功那种"过分"的自制力；毛发旺盛的男人夺取了秃头男人的毛囊。

<blockquote>
70, 80, 90, 100 ⋯⋯

凯特尔因此建议他的读者从更广泛的角度看待人性。毕竟，每个人只是"人类的一小部分"。科学家们不应该仅对男人或女人感兴趣，而应该把人口作为一个整体来研究。"观察到的个体数量越多，个体的特性，无论是生理上的还是道德上的，就会被抹去得越多，社会赖以存在和保持的普遍事实才会占主导地位。"
</blockquote>

因此，数学家在从 1000 或 10000 个家庭收集的数据中找到平均数，然后了解到，例如，在这些家庭中，"普通"男性的身高是 170 厘米，"普通"报刊阅读时长是 12 分钟，"普通"的饮食包括鸡蛋、土豆和肉汤。165 厘米或 188 厘米的男性身高是"反常"的；花 5 分钟或 30 分钟看报纸是"反常"的；盘子里鱼太多或蛋太少都是"反常"的。

从这些数据中，这位数学家发现了一个规律，即大多数男人都会比平均身高高或矮个 5 厘米，大多数读者的报刊阅读时长都会比平均时长长或短个 3 分钟，大多数家庭主妇每周都会多煮或少煮几个土豆。

但数学家能够平均得出的，不仅仅是生理或心理特征，道德也被纳入了计算范畴。对警方统计数据的分析将揭示"普通"罪犯的定义特征，"甚至对于那些无法预知的犯罪都可以进行一定程度的数据预测，比如凶杀，尤其是当这些罪行是在最偶然的情况下犯下的时"。根据凯特尔的数据，典型的杀人凶手是 20 多岁、受过教育的白领男性，他往往会喝得酩酊大醉，穿着夏天的便服。概率会让他们选择用手枪杀人，而不是用刀、球棒或毒药。

凯特尔的观点很快就传开了，事实证明它很受科学家和普通大众的欢迎。然而它在人群中的强化却不是因为逻辑或分析，而是因为简单的偏见。人们嘲笑、讥讽、谴责、谩骂着普通人各种各样的"典型特征"。最糟糕的是，他们相信这样的人确实存在。

图像以其独特的效力助长了这种思想。正如谚语所说，一张图片胜过千言万语。一幅报纸漫画足以抹去凯特尔冗长的免责声明（他的原著长达几百页）。如果这幅漫画描绘的是一个爱尔兰人，或者说全部爱尔兰人，那么这个人或这一群人一定长着畸形的下巴，戴着羽毛帽子，牙齿突出，但很显然，"普通的爱尔兰人"长得才没有画上那么"生动有趣"。如果画中是一个肮脏、粗俗、正在狼吞虎咽的乞丐，那么它则刚好证实了很多读者想象中"普通穷人"的模样。

19世纪，摄影还是一项广受人们欢迎的新技术。8个不同人体的面部照片叠加在一起，显示出"普通罪犯"模糊的脸；9张肺结核病人的照片合并，变成一张"普通"肺结核病人的照片；6块绘有亚历山大大帝的奖牌经过变形，显示出这位古代国王可能的特征。甚至还有一份杂志宣称："现在有人提议，可以从雕刻着尼布甲尼撒二世面孔的各种石头和砖块上清楚地了解他本人。"

但是，如果摄影有助于推广"普通男人"的概念，那么它也能提供另一种人们看待自己的方式。比如，19世纪末出现的艾登蒂基特容貌拼图，帮助人们将注意力从典型人物转向了个人。放大和突出各种不同面部特征的照片取代了代表这种男人或那类女人的"幽灵"般的面孔。这些图片没有人为虚构一个抽象类别去代表某种形象，而是突出了大量真实的鼻子、额头、皱纹、耳朵、下巴、眼睑和嘴巴。

　　以鼻子为例。显然，人们不只是有个"鼻子"。一个人的鼻子可能低或高、宽或窄、弯或直、长或翘。也许鼻尖是球状的，也许鼻孔扩张。那下巴呢？大还是小？它平坦吗？它是向喉咙退却，还是骄傲地前伸？它是正方形，还是向下呈锥子形？

　　一张新的个人照片产生了。是的，共性当然还是存在的。他的名字同样也能属于别人，他那个形状的鼻子也可能长在别人的脸上。我们都是由相似的血液和骨骼构成的。但仔细看看，看到所有不同部分的比例和相互作用了吗？每一个组合，都是独一无二的。他有他父亲的眼睛、母亲的卷发、叔叔歪向一边的笑容。这些拼凑在一起创造了一些东西，一个全新的人。他会用自己的方式去看待自己的眼睛，会根据自己的风格来梳理头发，会因为自己的感受而露出微笑。和那个人谈谈，看看他脸上的笑纹，看看他在听别人讲话时眼睛是明亮的还是深邃的。他只是在做自己。

　　凯特尔和他之后的很多人都认为，人性的本质可以在普通人身上找到，但他们错了。**人性的本质是变化无穷的。**正如斯蒂芬·杰伊·古尔德后来所说："所有进化生物学家都知道，变化本身是自然界唯一不变的本质。变化是残酷的现实，而不是一套对普遍趋势的不完美测量方法。平均数和其意义都是抽象的。"

　　像人们常说的，人的一生就像河流，始于涓涓细流，最后滔滔奔涌。古希腊哲学家赫拉克利特说得好："时间是一个掷骰子的儿童，儿童掌握着王权。"也许这就是我们怀旧的根源：与其说是想回到过去，不如说是想回到儿童时期丰富多彩的时光。

　　时间，你知道它怎样流逝。30岁以后，我发现日子开始从我们身边溜走，而我们则在其后紧跟追逐。这时，怀旧的冲动会觉醒，萌芽，纠缠不清。去年，我搬到了巴黎。时隔多年重返大城市，让我不禁越来越频繁地想起年轻时伦敦的老邻居。我已经到了这样一个年纪，过去似乎变得越发重大而深远，你会发现你的思想也越来越受其吸引。这就像是住在一个脆弱的海岸，大海波澜壮阔，它的气息和声音仿佛要将你的感官逐渐吞噬。

　　所以我决定回去。那里是咸水和淡水交会之处，有颠簸的公交车和无聊的火车。但这些都不重要。我只是必须在这么多年之后，再回去看看那个地方。

当我把计划告诉弟弟妹妹时，他们异口同声地劝阻我："那里什么都没有。"显然，他们都选择向前看。"为什么回去？"

我试图解释。一张嘴，我就感觉自己要说出似是而非的话。但我心不在焉，每一个编出来的理由自然也都无法达到预期的效果。我决定不和他们争辩。我订好火车票，打包好行李，就出发了。

我无法解释想回到伦敦老家的愿望，但这并没有困扰我。相反，它神奇的力量令人信服，甚至令人心安。我在摇摇晃晃的火车上注视着窗外，试图回忆起我的双脚最近一次踏上那片土地是什么时候。车窗映出了我沉思的表情，高大的树木和青翠的山丘在窗外飞掠而过。我移开目光，哗地翻开一本书，盯着书页，直到文字似乎都凝结成了一团墨。

5年。已经这么久了？这些日子都去哪儿了？我那么多完成的事情，遇到的人，去过的地方，现在回过头来看，好像几乎完全没有花任何时间。可在当时，每件事都多么困难、多么令人筋疲力尽、多么重要，给我留下了多么深刻的印象！而火车驶出巴黎的那几个小时，现在对我来说又是那么遥远，恍如隔世。

这是一趟开往伦敦的快车，没有延误。到了首都，我感觉自己更像是一个郊区的上班族，而不是国际旅行者。随着我换乘的火车从中央车站轰隆隆地驶向我熟悉的郊区，我也越来越兴奋。渐渐地，车厢里没有了西装革履的人，取而代之的是另一种装束的乘客。"我们肯定就快到了。"我想着，身体竭力向前探，完全忘了看手表。接近终点的时候，我收拾好行李，也整理好了面容，走出了车厢。站台上到处都是垃圾和碎玻璃，但至少在一瞬间，我明确无误地感到回来真好。

×

4、8、16……
时间不只是一种态度或一种心态，它也不只是半空或半满的沙漏。在这个时代，这个我们口中的数字时代，一生的时间变得前所未有的离散，也成了明显可以被衡量的东西。

到现在为止，如果按某些调查所说，我已经花了差不多 1667 个小时来排队，500 小时来泡茶。我还花了一年宝贵的清醒时间，来寻找不知道放哪儿去了的东西。今天是我人生中的第 12012 天。这个数值约等于 25 万个小时，或 1725 万分钟。如果从我出生开始，每一秒钟算一块钱，那么我现在都可以进亿万富翁俱乐部了。

我们偶尔会把时间比作金钱，因为两者都得精打细算。但时间并不是金钱。胡乱花掉的时间可没法退款，也没有银行接受时间储蓄。**我们不能像分配金钱一样分配时间，因为我们在生活中，永远不知道时间什么时候会到头。**如果一个人无法知道自己能否活到明天，或者能否活到老眼昏花的年纪，那又该怎么做计划呢？

也许按照某些部落的方式来讨论时间会更好。对他们来说，钟表是陌生的事物，他们过日子的节奏和自然同步。"当白橡木的叶子和老鼠耳朵一样大时"，依据传统美洲原住民就会种下玉米；春分、秋分和冬至、夏至是他们举行仪式的时间。在语言上，苏族人（Sioux）的语言里就没有"迟了"或者"等着"这类表达。

澳大利亚的原住民相信时间、地点和人是一体的。瞥一眼树或者他人的脸，就足以知道时间和逝去的日子。他们会根据一些因素，如植物的生长和风向的变化，精确地区分季节。东部的冈温古人（Gunwinggu）会说一年有 6 个季节：3 个

"旱季"和 3 个 "雨季"；而如果不是原住民，大概只能看到一个旱季和一个雨季。

对于这些部落来说，时间是行为的产物。当我们唱歌、爬山或者用烟斗抽烟的时候，时间就出现了；而当我们睡觉的时候，它就消失了。他们不认为时间像空气一样无处不在。秒、分、时，这些都是我们的说法。取而代之的，是他们说的 "收获的时节" 或者 "去河里捕鱼的时节"。如果去问一个非洲牧民，某个任务需要花费多长时间，他会回答说："挤牛奶的时间。" 意思是给一头牛挤奶所需要的时间。一个小时对他来说是什么呢？也许是给 10 头牛挤奶的时间。

我们可以用另一种方式来表达：1 小时 = 挤 10 次奶。我的等式可能是 1 小时 = 泡 10 杯茶。让我们把这称为 "泡茶时间"。18 分钟的步行约等于挤 3 次奶或者泡 3 杯茶；一条 2 分钟的广告可以被拆分成泡 1/3 杯茶。在足球裁判的开场哨声和终场哨声之间，经过的时间足够用来给 15 头牛挤奶，或者泡 15 杯茶。

我的这些题外话，意思并不是说近似一定胜过精确。让时钟停摆完全不是我的意图。但是我们各自文化所使用的特定语言和意象，确实塑造了我们体验时间的方式。我刚刚说过，时间不是金钱，可以说它更接近于花钱。根据这些部落的思考方式，时间就是特定时刻，如我们走进市场的时候所发生的事情。在我看来，我们将时间与某种行动对应的做法是非常积极正面的。当听到有人抱怨说他必须将整个周末都填得满满当当的时候，我会停下来想一想，觉得像这样将 "日子" 比作 "洞" 是不恰当的。每一个洞都和其他的洞大致相同，而每一日却是不同的。**这样说来，时间更像是面团，我们可以把它揉成无数不同的形状。**

×

在回老家的路上，我在火车站外略做停顿，然后便往北上了主街。街上的情况和我记忆中的大致相同：还是那样的矮墙，墙上布满了涂鸦；商店橱窗还是挂着那样的"五折"标志；还是那样的男生女生，手指忙着拆开甜食的包装。这里的建筑没有虚张声势，没有色彩，缺乏魅力。人行道上的行人也很少，此时对于逛街的人来说，时间要么太早，要么太晚。街上只有几辆车在来往。我机械地走着，这里逛逛那里看看，闻着沃特比奇路新铺路面的沥青味。

终于，我来到了曾住过的老街。一切尽收眼底。左边是金属栏杆，在栏杆后面一段距离，是我以前小学的教学楼，有一间工厂那么长；在右边，是一连串紧挨着的砖房。我记得，它们薄薄的墙壁，曾让邻里关系变得很糟糕。顺着这条路走下去，我看到远处有一个小小的身影正向我走来。他穿着红蓝相间的足球服，但看起来不像足球运动员；T恤紧紧贴在身上，勾勒出一个明显的大肚腩；他深色的头发剪得跟囚犯的一样短。当他经过我身边时，我听到他正粗声喘着气。然后他就走远了。

令我感到惊讶的是，这里的变化如此之小。粉刷在墙上的门牌号、木门、树篱，似乎都被遗忘了很久，但一看到它们，我一下就认了出来。可是，这一切又好像和我小时候大不相同了。我沮丧地在街上走来走去，直到走不动为止。当我准备返程的时候，突然意识到，这里真正改变的其实是：时间。

1890年，美国心理学家威廉·詹姆斯（William James）在他的经典著作《心理学原理》（*Principles of Psychology*）中写道："当我们逐渐变老的时候，相同尺度的时间会在感觉上变得越来越短——年、月、日似乎都是如此。一个小时是否如此还有待考证，但一分钟和一秒钟对所有人来说几乎都一样长。"

接着，詹姆斯引用了某一数学理论来解释这种现象。这个理论是由和他同时期的一位法国教授提出的，这位教授名叫保罗·雅内（Paul Janet）。根据雅内的理论，我们对时间的感知，是和年龄成反比的。对于一个 10 岁的孩子来说，一年代表了人生的 1/10；而对于一个 50 岁的人来说，一年只等于人生的 1/50。这样看来，50 岁的人的一年，流逝速度似乎是孩子的 5 倍；而孩子的一年，流逝速度则只是 50 岁的人的 1/5。

那么，重要的是不同年代之间的关系。对一个人来说，从 32 岁到 64 岁感觉上似乎和从 16 岁到 32 岁差不多，还有从 8 岁到 16 岁，以及从 4 岁到 8 岁，这两段的时间比例都相同。同样的道理，从 64 岁到 128 岁（假设可以活到这个年纪）的这些年，我们产生的感觉、想法，体验到的痛苦、恐惧、快乐和惊奇，似乎并不比我们从 2 岁到 4 岁这个"大爆炸"时期所经历的多很多。

后来，一位名叫弗里曼（T. L. Freeman）的美国人从雅内的想法中得到了关于个人"有效年龄"的启发，进而得出了一个方程式。弗里曼的计算表明，我们在 2 岁前就体验到了人生的 1/4，10 岁前就体验到了人生的一半以上，而在 30 岁之前，我们体验过的人生就已超过了 3/4。按照时间来算，一个 40 岁的人大约已走过了自己寿命的一半，而他在余下的人生所要经历的，却仿佛只有前 40 年的 1/6。而对于一个 60 岁的人，未来似乎只有过去的 1/16 那么长。

×

我们回首往事、重温旧时光的所有尝试都是徒劳的吗？我们永远无法两次走在同一条街上。我年轻时的那些街道，属于另一段时光，而那段时光我不可能再拥有，除非是在梦中。

在睡梦中，我成了我童年街道的访客。我看到一个女生站在跳房子游戏的方格边上，正在考虑下一步该怎么跳；一个男人站在梯子最上面擦着窗户，他的手有节奏地在玻璃上左右滑动；人行道上，邻居家的虎斑猫在阳光下扭来扭去，一会儿伸个懒腰，一会儿又张开爪子。我耳中满是往来车辆的声音。我看到了我的祖父，他还健在，挂着手杖站在门口，好像在守卫我父亲的菜地。我停下来看着我的父亲。他把袖子卷到胳膊肘，摘豆子、种菜、数黄瓜。我静静地看着，忘却了一切。时间似乎在无尽延伸着，似乎也不复存在了。

**在遵守时间方面，我们的身体做得比大脑好多了。**头发和指甲以可预测的速度生长，吸进的每一口空气都从未被浪费，食欲也鲜少来得太早或太晚。想想动物，比如野鸭和鹅，它们只需要跟随本能，便可知道什么时候开始迁徙。我曾经读到过，牛每一天的负重时长完全一样，鞭打也无法让它们在这段时间之外继续负重。

我们的额头和脸颊记录着岁月。我怀疑我们的身体永远不会停止计数，就像那些牛，每一头都清楚地知道，什么时候该停下。

1886 年 1 月 22 日，格奥尔格·康托尔（Georg Cantor）
提出了超限数的存在是无限的，为自己的观点辩护，反对
可能的亵渎罪指控。但同行的其他逻辑学家却大多回避了
这位年轻人的想法，几乎没有人愿意认真对待那些能使康
托尔成名的杰出见解。

在康托尔之前，人们不可能从数学角度探讨各种无
穷。所有没有最终项的集合（如奇数、偶数或质数序列），
其容量大小都被简单地认为是相等的。康托尔证明这是错
误的。他的论文首次论述了无限集合，该集合所包含的子
集数量是无限的，更重要的是，每一组不可数集都能衍生
出另一组更大的数集。康托尔意识到，这样的数集中，数
字永远没有穷尽。

数学家利奥波德·克罗内克（Leopold Kronecker）对
康托尔"更小"或是"更大"的无限概念不感兴趣。他用
激烈的言辞抨击康托尔，并将康托尔称为"江湖骗子""年
轻人中的败类"。由于缺乏同行的理解，康托尔最终只能
向罗马教廷寻求支持。

×

在康托尔之前一千年，一个爱尔兰修道院里，一位僧侣日复一日地坐在一张散发着灯芯和手稿气味的桌子旁。数年时间里，他几乎都保持着同样的姿势，深沉而持久地沉思着，冥想着一个超越空间、无所限制的完美世界。当然，思考一个没有边界的形状是矛盾的。僧侣知道这一点。他知道思考无限就是在矛盾中思考。

几分钟过去了，几个小时过去了。但是与永恒相比，一分钟或一小时又算得了什么呢？根本算不上什么。一分钟、一小时、一年、一千年长短都一样。漫长的一天结束时，僧侣小房间里的光线也逐渐消散，他可能会在心中结结巴巴地表达着："我，我，我，我，我……"但是，不管怎样，这位被称为"爱尔兰的约翰"的约翰内斯·斯考特斯·爱留根纳（Johannes Scottus Eriugena），还是无法超脱他的感官，去把握无限。

**无限之中才能诞生有限，因此不能用有限去理解无限**。但如何用无限的术语来理解无限呢？12世纪，亚历山大·奈克汉姆（Alexander Neckham）提出了一个生动形象的问题。即使一个人在下一个小时内使世界的大小翻两番，再在下一个小时内使世界的大小翻三番，再在下一个小时内使世界的大小翻四番，以此类推，相比之下，世界仍然只是一个"准点"。

托马斯·阿奎那（Thomas Aquinas）在于1256年至1259年之间撰写的《真理论》（De Veritate）中提出了一个观点："统治者与城市有关，船长与船只也有关。"一个无限强大的统治者与一个谦卑的船长无法直接比较，但两者都具有"比例上的相似"：一个有限的量等于另一个有限的量，就像无极等于无极一样。换句话说，"三比六，就如同五百万比一千万"。

阿奎那被批评家们的"窃窃私语"激怒了，他试图解决另一个争论点。人们一直被告知，世界是有时间开端的。"世界是否一直存在，这个问题依然悬而未决。"阿奎那在 1270 年于书中写下了这些文字，并将这本书命名为《永恒世界》（*De Aeternitate Mundi*）。他的论点是，如果世界一直存在，过去就会是无限的。世界历史必须由无数个过去事件连接而成。如果存在无限数量的昨天，那么明天也是无限的。时间可以是无限的过去，也可以是无限的未来，但永远不会是现在。因为之前的日子是无限向前的，现在的时刻又怎能到来呢？

在进行这种潜在的令人不安的推理之前，阿奎那始终保持着镇静。任何过去的事件，就像此时此刻一样，都是有限的；而且"因为现在的存在标志着过去的结束"，所以这些事件之间的持续时间也是有限的。

那么过去的事件又是怎样延续的呢？阿奎那说，所有解释的观点都说得过去。

同时代的神学家波拿文都拉（Bonaventure）不同意阿奎那的对等理论。一想到那没完没了的过去，他就激动不已。"假定世界是永恒的或源源不断产生的，而同时又假定一切事物都是从无到有的，这完全是自相矛盾。"那么矛盾点是什么呢？即，如果世界是永恒的，时间是无限的，那么明天将比无限还要长一点。但怎么会有东西比无限还长呢？

在 14 世纪，哈克雷的亨利（Henry of Harclay）虽然也对阿奎那关于永恒世界的论述有所挑剔，但他的观点与波拿文都拉的观点完全相反。对亨利来说，每一个假定的矛盾经过仔细的推敲后都可化解。什么东西能比无限还大呢？亨利说："对于一串无穷无尽的数字，我们可以从 2 数起，也可以从 100 数起，但在这两种情况下我们都无法到达最后的数字，尽管第一种数法数的数字比第二种数法数的要多。"他援引阿奎那的类比论来捍卫无限宇宙的论点，在这个宇宙中，无限多个月出现的频率是无限多个年出现的 12 倍。

在无限的集合中，每一个可能的数字（59、10433962、99999999999999999-999999999999999999999999999999999……）都可以存在其中，它们都是独特而有限的，且每一个数字都对应着一个意义。而这对于超限数来说又将产生一个矛盾："没有一个数字是无限的，因为那样它将包含它自己，而这是不可能的。"

✕

与亨利同一时代、里米尼的僧侣格雷戈里（Gregory）曾首次为超限数定义：一个无限序列可以是另一个无限序列的一部分。例如，在连续的无限自然数序列（1、2、3、4、5、6……）中，每隔 23 个数字取一个数（也可以每隔 99 个、3 个或 50 亿个数字取一个数），生成一个与所有数字组合起来一样长，即无限长的序列。比如，将 1 与 23 匹配、2 与 46 匹配、3 与 69 匹配、4 与 92 匹配、5 与 115 匹配，以此类推，无穷无尽。

格雷戈里在康托尔之前整整 5 个世纪便阐明了他的思想。格雷戈里在巴黎的索邦大学（Sorbonne）任教多年，被学生亲切地称为"指路明灯"（Lucerna splendens）。

不过，哈佛大学的数学历史学家约翰·默多克（John Murdoch）评论说，格雷戈里的洞见几乎没有得到同时代或是后世同行的注意。

因为一个无限整体与它的一个或多个部分的"平等"是最具挑战

性的问题之一，而且正如我们现在所认识到的，有关无限的最重要理论，由于未能吸收和提炼格雷戈里的论点，故而阻碍了其他中世纪的思想家对无限的数学论产生前所未有的理解，而这原本应该是很容易的。

在墨西哥的一次交流大会上，我遇到了一位数学家，我们两人都受邀在会上发言。他是美国人，和我在差旅中遇到的所有数学家一样，他很快便三句不离老本行。我们走到会议休息室的角落里，他给我讲起柬埔寨数字的历史。这位数学家热切地相信，"零"这个为我们所熟知的虚无象征，正是源于那里。他梦想着能在那个国度尘土飞扬的道路上跋涉，追寻任何尚存的痕迹。虽然他和十进制诞生的年代已相隔千年，要找出新的证据，也机会渺茫，但他并不介意。

这位数学家开始解释他目前对数字理论的研究。他的语速很快，充满激情。我认真地听着，尽量去理解。我听懂的时候，就点一下头，而听不懂的时候，就点两次头，好像是在鼓励他继续说下去。数学家激情洋溢，他为我展现的远景我却不太能够看清，与我探讨的思想领域我也不太能进入，但我还是听着，不时点头，并且很享受这样的经历。偶尔，我也会用我的一些想法和观察进行补充，而他也以最大的善意接受。**交谈中的情谊总能让我兴奋不已，无论内容是关于语言还是数字，都是如此。**

我们在书中或电影中看到的数学家的那些怪癖，我眼前的这位数学家都没有。不过我丝毫不感到惊讶。他正处中年，体型看起来匀称精干，但皮肤比较苍白。他衬衫的领口敞开着，脸上有很多笑纹。我们的交谈很快便结束了。他摸了摸口袋，从一个口袋里掏出一个小本子，他习惯在上面记下自己偶尔冒出的想法和突如其来的灵感。他把联系方式写给我的时候，我注意到他的手又小又光滑。

"认识你太棒了。"我们承诺彼此要保持联系。

第二天一早，我下楼去酒店餐厅吃早饭时，再次听到这位数学家在喊我，我感到非常惊喜。他和他的家人坐在一起。我穿过正大口吃着麦片的各路记者、各位会议"明星"，避开有着褐色雀斑的服务员，挪开挡路的椅子，来到他们那桌。数学家对妻子和女儿笑了笑，我后来才知道，他的妻子也是一位数学家。他们十多岁的女儿出奇的乖巧，坐在他们两人中间，和她妈妈长得很像。那会儿离他们的航班起飞还有几个小时，于是我们喝着茶，吃着吐司，聊了起来。

我们讨论了四色定理。这个定理是说，如果地图上任意相邻的地区或国家都不使用同一种颜色，那么要涂满整张地图，只需用到 4 种颜色，如红、蓝、绿、黄。罗宾·威尔逊（Robin Wilson）的《四种颜色就够了》（Four Colours Suffice）便解释了这一谜题的由来，并广受欢迎。威尔逊在书中写道："初看起来，越复杂的地图，似乎需要的颜色也越多。但令人惊讶的是，事实并非如此。"不管是重新绘制一个国家的国界线，还是想象出完全不同的大陆形状，在所需颜色方面都没有区别。

我对这个问题的某一方面格外着迷。经过一个多世纪的努力，1976 年，美国的两位数学家终于想出了一个证明四色定理的方法。然而，他们的证明方法却被认为是有争议的，因为它在一定程度上需要依赖电脑计算。不少数学家拒绝接受这点，因为他们认为电脑不能解决数学问题。

我的新朋友回忆道："我其实见过想出这个证明方法的其中一人，我们讨论了他们是怎样发现正确的方法，并把数据输入电脑，得到答案的。真的很机智！"

数学家和妻子对于电脑在数学中的作用，又是怎样看待的呢？要回答这样宽泛的问题，他们显得很谨慎。他们承认，这个四色定理的证明方法是粗糙的。它不仅没能启发任何新的想法，更糟糕的是，它的内容还让人几乎无法阅读，因为它缺少伟大证明方法所具备的那种直观统一性和美感。

美感。这位数学家使用这个词的频率可真高啊！数学家夫妇告诉我，**好的证明方法得有"风格"**。人们往往可以简单地通过独特的行文方式，轻易地推测出某书的作者。书中观点的选取、组织和相互作用的方式就和签名一样独特、个性化。还有，好的证明者会花很多时间去对观点进行润色。多余的表达，去掉！模棱两可的词语，去掉！这确实很麻烦，但一切都是值得的：**好的证明方法可能会成为"经典"**，供未来几代数学家阅读和欣赏。

"现在几点了？"大家都没有戴手表。我们叫住一名服务员，问了时间。"都已经这时候了？"数学家的妻子听到服务员的答复之后说道。他们喝掉了杯中剩余的茶，拍掉了身上的面包屑，匆忙起身准备赶路。"哦，对了，"数学家转过身来问我，"我忘了，你之前说你住在哪里？"

我们谈论了十进制的历史、蜿蜒曲折的数字前景，还有如何用一面旗帜上出现的颜色给整张地图上色，而我们生活中附带的细节，即住在哪里、和谁住在一起、生活在怎样的屋檐下及什么颜色的天空下等，完全没有出现在我们的对话中。

我告诉了他。"巴黎，"他重复道，"哇，我们喜欢巴黎！"

✕

法国的首都，有着艺术家的完美城市之誉，但这一说法还是有些片面的。我们知道，巴黎是马奈、罗丹、柏辽兹的城市，是街头歌手和康康舞女郎的城市，是《流动的盛宴》中，维克多·雨果和海明威年轻时所在的城市：他们在一家咖啡馆的角落里，潦草地涂涂写写，把对于咖啡、朗姆酒和格特鲁德·斯坦（Gertrude Stein）的批评写成故事。但巴黎也是数学家的城市。

巴黎的数学研究者，有上千人之多，他们组成的巴黎数学科学基金会（Fondation Sciences Mathématiques de Paris，FSMP）是世界上最大的数学组织。这座城市里，大约有 100 多处街巷、广场和大道是以这一组织的先驱者命名的。我们可以在 20 区的埃瓦里斯特·伽罗瓦街（Evariste Galois）漫步，这条街是以 19世纪一位代数学家命名的，这位代数学家在 20 岁的时候倒在了决斗者的子弹下。塞纳河的另一边，在 14 区有一条索菲·热尔曼街（Sophie Germain），街名中的那个人，为质数、声学和弹性力学领域引入了重要的概念，最后于 1931 年去世。热尔曼的传记作者路易斯·布恰雷利（Louis Bucciarelli）说："热尔曼白天不喜欢会客和与他人交谈，而是希望能待在更纯粹的、超越时间的思想领域里，在那里，人与思想合为一体，人与人的区别只取决于智力的好坏。"从这里再步行几分钟，就可以到达一条名为费马（Fermat）的小路，还有欧拉街（Euler）、莱布尼茨街（Leibniz）和牛顿街（Newton）。

在我回到第二故乡巴黎时，信箱里有很多信件在等我，其中有一封来自位于这座城市的卡地亚当代艺术基金会（Fondation Cartier），他们邀请我去提前参观即将举行的"数学：别样风景"展览（Mathematics: A Beautiful Elsewhere）。这是欧洲首次展示仍健在的主要数学家与世界级艺术家合作的作品。展览似乎有意安排在了一个特别好的时间：2011 年 10 月，这正好是伽罗瓦 200 周年诞辰的那个月。

　　基金会的展览馆坐落于 14 区，位于一条林荫道地势较低的一头。那是一幢炫目的现代建筑，由闪亮的玻璃和几何形状的钢材建成，宽敞明亮，是"去物质化"建筑的一个例子。树叶在夏末开始凋落，枝叶稀疏的树倒映在玻璃里。我经过这里走进博物馆的时候，抬头看了看对称的树枝。

01234

　　　　数学和当代艺术似乎是一对奇怪的组合。很多人将数学视为
　　纯粹的逻辑、冰冷的估计和没有灵魂的计算。但正如数学家
　　兼教育家保罗·洛克哈特（Paul Lockhart）所说："没有什
　　么能像数学一样梦幻和诗意，也没有什么能比数学更具颠覆
　　性和迷幻性。"

　　洛克哈特认为，人们对数学误会颇深，因为数学在我们的学校里被歪曲了，数学课程往往是枯燥乏味的，偏重技术性及重复性的任务，而不是强调数学家"作为一名格外勤勉的艺术家所拥有的独特体验"。

　　展览的组织者想要传达和赞美的，是数学家的艺术冲动及内心的挣扎。为画板预留的墙壁则作为等式、光效和展示数字的空间。我走过一个个展厅，有的空荡荡，很安静，有的色彩斑斓、趣味盎然，我不时地停下来仔细观看。我看到其他访客退后一步，指着展品，低声交谈。在一幅由太阳光线和豹纹、波浪、孔雀羽毛及基本等式构成的鲜艳拼贴画跟前，人们指来指去，睁大了眼睛。在另一间

展厅中，一件倾斜的铝制雕塑让参观者驻足不前，大家的目光都被它那无限延伸的曲线吸引了。

但是对我来说，这个展览的亮点位于楼下一间昏暗的展厅里。在这里，黑暗中的参观者们看起来都一样，他们安静地坐着或站着，目光都指向放映着黑白电影的大屏幕。一张几乎占据了整个屏幕的年轻面孔，正讲述着他作为数学家的生活。我背靠在后面的墙上，听他说着"肥三角"和"惰性气体"。大约三四分钟之后，电影突然切换画面，另一个戴眼镜的人出现在屏幕上。4 分钟之后，屏幕上又换了一张面孔，这次是一名讨论概率的女性。这部电影总共持续了 32 分钟，一共出现了 8 张面孔，这些人分别来自数学的各个分支学科，如数论、代数几何、拓扑学、概率论。他们说着法语、英语或者俄语（电影配有字幕），这些数学家的热情和好奇心，将整部电影连接成了一个迷人而相互交融的整体。

其中，有两段叙述尤其引人注目。它们让我想起了我在墨西哥等地和数学家们的交谈，以及这些交谈在我内心激起的亲切感和兴奋感。阿兰·孔涅（Alain Connes）是法国高等科学研究所（Institut des Hautes Études Scientifiques，IHES）的教授，他在 4 分钟里描述的现实，要比唯物主义所描述的"微妙"得多。为了理解这个世界，我们需要类比，即在不同事物之间建立联系（被孔涅称为"反射"或"对应"）的典型能力。数学家把一个领域里的有效观点"移植"到另一个领域，希望能同样适用于后者而不被拒绝。作为"非交换几何"的创始人，孔涅本人也把几何思想应用于量子力学。他表示，**隐喻，是数学思维的精髓**。

迈克尔·阿提亚爵士（Sir Michael Atiyah）是剑桥大学艾萨克·牛顿数学科学研究所（Isaac Newton Institute for Mathematical Sciences）的前所长，他利用这 4 分钟谈道，数学观点"就像眼前辽阔的视野"。好比画一幅油画，或者想象小说中的某个场景，数学家是用直觉和想象力来创造并探索这一视野的。阿提亚嗓音柔和，态度诚恳，展厅里的每个人都在认真聆听，中间没有一声咳嗽或一丝低语。阿提亚继续说道，真理，是数学追求的目标之一，虽然人们永远只能掌握它的一部分，但真理所具备的美感却是直接的、独特的、确定的。"**美感让我们始终走在正确的道路上。**"

$$\times$$

屏幕上的这些面孔，年龄有老有少，面部有的光滑有的胡子拉碴，脸型有方也有圆，但共同点是：每个人都发表了自己的看法。渐渐地，展厅里的人开始离开，亲密的氛围逐渐消散。我跟着最后一组参观者上楼，随后走出了这幢建筑，没和他人多聊一句。夜色很快将我们吞没。

我沿着河走了一会儿，夜色栖于我的发梢，藏于我的口袋，停于我的衣衫。我知道，想象中的夜晚很温柔。此刻，在这座城市，有的艺术家也许正把铅笔削尖、用画刷蘸取颜料、给吉他调弦，而其他一些艺术家也许正凭借他们的定理和等式，陶醉于世间的各种可能。

**这个世界需要艺术家。**他们每个人，都把一部分的黑夜转化成了文字和画面、笔记和数字。书桌前的数学家瞥了一眼迄今尚未可见的东西。他即将把黑暗变成光明。

# 未来，属于终身学习者

我这辈子遇到的聪明人（来自各行各业的聪明人）没有不每天阅读的——没有，一个都没有。巴菲特读书之多，我读书之多，可能会让你感到吃惊。孩子们都笑话我。他们觉得我是一本长了两条腿的书。

——查理·芒格

互联网改变了信息连接的方式；指数型技术在迅速颠覆着现有的商业世界；人工智能已经开始抢占人类的工作岗位……

未来，到底需要什么样的人才？

改变命运唯一的策略是你要变成终身学习者。未来世界将不再需要单一的技能型人才，而是需要具备完善的知识结构、极强逻辑思考力和高感知力的复合型人才。优秀的人往往通过阅读建立足够强大的抽象思维能力，获得异于众人的思考和整合能力。未来，将属于终身学习者！而阅读必定和终身学习形影不离。

很多人读书，追求的是干货，寻求的是立刻行之有效的解决方案。其实这是一种留在舒适区的阅读方法。在这个充满不确定性的年代，答案不会简单地出现在书里，因为生活根本就没有标准确切的答案，你也不能期望过去的经验能解决未来的问题。

## 湛庐阅读APP：与最聪明的人共同进化

有人常常把成本支出的焦点放在书价上，把读完一本书当作阅读的终结。其实不然。

---

时间是读者付出的最大阅读成本

怎么读是读者面临的最大阅读障碍

"读书破万卷"不仅仅在"万"，更重要的是在"破"！

---

现在，我们构建了全新的"湛庐阅读"APP。它将成为你"破万卷"的新居所。在这里：

- 不用考虑读什么，你可以便捷找到纸书、有声书和各种声音产品；
- 你可以学会怎么读，你将发现集泛读、通读、精读于一体的阅读解决方案；
- 你会与作者、译者、专家、推荐人和阅读教练相遇，他们是优质思想的发源地；
- 你会与优秀的读者和终身学习者为伍，他们对阅读和学习有着持久的热情和源源不绝的内驱力。

从单一到复合，从知道到精通，从理解到创造，湛庐希望建立一个"与最聪明的人共同进化"的社区，成为人类先进思想交汇的聚集地，与你共同迎接未来。

与此同时，我们希望能够重新定义你的学习场景，让你随时随地收获有内容、有价值的思想，通过阅读实现终身学习。这是我们的使命和价值。

# 湛庐阅读APP玩转指南

## 湛庐阅读APP结构图:

12+图书订阅服务
纸质书
有声书
电子书

读什么

泛读:一书一课
通读:通识课
精读:精读班

怎么读

湛庐阅读APP

优秀的读者和终身学习者

与谁共读

跟谁读

作者、译者、专家、推荐人和阅读教练

## 三步玩转湛庐阅读APP:

读一读 ▾

湛庐纸书一站买,
全年好书打包订

书城

听一听 ▾

泛读、通读、精读,
选取适合你的阅读方式

扫一扫 ▾

买书、听书、讲书、
拆书服务,一键获取

扫一扫

APP获取方式:
安卓用户前往各大应用市场、苹果用户前往APP Store
直接下载"湛庐阅读"APP,与最聪明的人共同进化!

# 使用APP扫一扫功能，
# 遇见书里书外更大的世界！

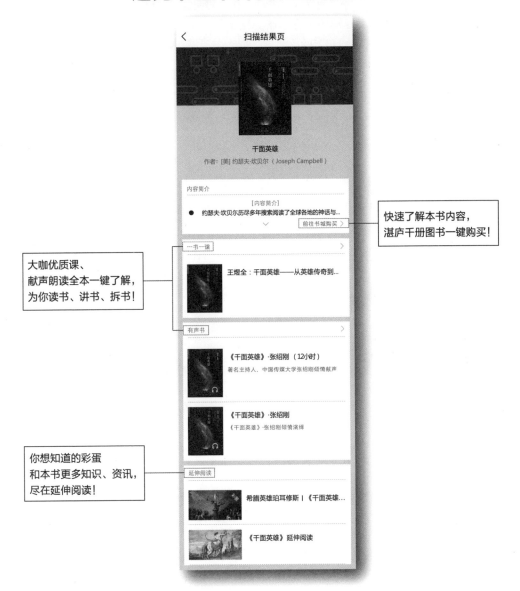

快速了解本书内容，
湛庐千册图书一键购买！

大咖优质课、
献声朗读全本一键了解，
为你读书、讲书、拆书！

你想知道的彩蛋
和本书更多知识、资讯，
尽在延伸阅读！

# 延伸阅读

## 《简单的逻辑学》

◎ 一本足以彻底改变你思维世界的小书。

◎ 逻辑学科普入门畅销书，被香港中文大学奉为 40 本英文经典之一，被哈佛大学校内书店视为皇冠书籍。

◎ 美国著名逻辑学家、哲学教授 D.Q. 麦克伦尼，将一门宽广、深奥的逻辑科学以贴近生活、通俗易懂、妙趣横生的语言娓娓道来。

使用"湛庐阅读"APP，
"扫一扫"获取本书更多精彩内容
ISBN 978-7-213-05538-6

## 《动物思维》

◎ 另类诺贝尔奖生物奖获奖图书，乍看令人发笑，细究发人深省。

◎ 以动物为师，超越人类思维局限，掌握竞争社会的生存法则。

◎ 复旦大学、中科院、《华尔街日报》《纽约时报》《金融时报》等国内外知名高校与媒体专家鼎力推荐。

使用"湛庐阅读"APP，
"扫一扫"获取本书更多精彩内容
ISBN 978-7-213-09315-9

## 《为什么需要生物学思维》

◎ 应该怎么看待这个越来越复杂的世界？复杂系统研究专家塞缪尔·阿贝斯曼为我们提供了一个洞悉复杂世界的思考方式，告诉我们不必害怕。

◎ 北京大学国家发展研究院教授、财新传媒学术顾问汪丁丁，《连线》创始主编、畅销书《失控》作者凯文·凯利，美国经济学家、乔治梅森大学经济学教授泰勒·考恩，美国数学家、康奈尔大学数学教授、畅销书《同步》作者斯蒂芬·斯托加茨等联袂推荐！

使用"湛庐阅读"APP，
"扫一扫"获取本书更多精彩内容
ISBN 978-7-220-11324-6

## 《直觉泵和其他思考工具》

◎ 有效思考，让你聪明，有效且正直地思考，让你智慧！哲学也可以反套路、反伎俩，一眼识破唬人的说辞。

◎ 集世界著名哲学家丹尼尔·丹尼特 50 年思考之精华，化繁为简、返璞归真，让你借助直觉的力量，不用数学就能思考最难、最复杂的问题。

使用"湛庐阅读"APP，
"扫一扫"获取本书更多精彩内容
ISBN 978-7-5536-7459-9

**图书在版编目（CIP）数据**

莎士比亚的零 / （英）丹尼尔·塔米特
(Daniel Tammet) 著；童玥，郑中译. -- 杭州：浙江
教育出版社，2019.12
　　ISBN 978-7-5536-2442-6

　　Ⅰ. ①莎⋯ Ⅱ. ①丹⋯ ②童⋯ ③郑⋯ Ⅲ. ①数学—
青少年读物 Ⅳ. ①O1-49

中国版本图书馆CIP数据核字(2019)第268354号

**上架指导：数学 / 思维**

浙 江 省 版 权 局
著作权合同登记号
图字:11-2019-320号

## 莎士比亚的零
SHASHIBIYA DE LING

[英] 丹尼尔·塔米特　著
童玥　郑中　译

**责任编辑：** 刘晋苏

**美术编辑：** 韩　波

**封面设计：** 张志浩

**责任校对：** 江　雷

**责任印务：** 沈久凌

**出版发行：** 浙江教育出版社（杭州市天目山路40号 邮编：310013）

　　　　　　电话：（0571）85170300-80928

**印　　刷：** 石家庄继文印刷有限公司

| | | | | |
|---|---|---|---|---|
| **开　　本：** 710mm×965mm 1/16 | | | **插　　页：** | 1 |
| **印　　张：** 15.75 | | | **字　　数：** | 210千字 |
| **版　　次：** 2019年12月第1版 | | | **印　　次：** | 2019年12月第1次印刷 |
| **书　　号：** ISBN 978-7-5536-2442-6 | | | **定　　价：** | 79.90元 |

如发现印装质量问题，影响阅读，请致电 010-56676359 联系调换。